Aus dem Inhalt

Otto Wittmann, Textbearbeitung
Wolfgang Suter, Farbfotos

Raritäten und Curiositäten der Natur

Raritäten und Curiositäten der Natur

Die Sammlungen
des Naturhistorischen Museums Basel

1980
Birkhäuser Verlag
Basel · Boston · Stuttgart

CIP-Kurztitelaufnahme der Deutschen Bibliothek

Raritäten und Curiositäten [Kuriositäten] der Natur:
d. Sammlungen d. Naturhistor.
Museums Basel / [Hrsg.: Naturhistor. Museum Basel
unter Mitarb. von Otto Wittmann]. – Basel,
Boston, Stuttgart: Birkhäuser, 1980.
ISBN 3-7643-1191-6
NE: Wittmann, Otto [Hrsg.]; Naturhistorisches
Museum ‹Basel›

Herausgeber: Naturhistorisches Museum Basel
Buchdesign: Albert Gomm swb / asg, Basel
Gesamtherstellung:
Birkhäuser AG, Graphisches Unternehmen, Basel
Printed in Switzerland
ISBN 3-7643-1191-6

Bildnachweis

Coray Armin 137
Engesser Burkart 85
Graeser Stefan 33
Guggenheim Richard 35, 36, 71–74, 121–124
Hinz Hans 2–5
Jenni Marcel 19
Naturhistorisches Museum (diverse Mitarbeiter) 34, 65, 67, 68, 70, 75, 88, 89, 91, 92, 101, 140, 141
Paap Attila 27
Sennhauser, Büro 143
Staatsarchiv 9
Suter Wolfgang 1, 6, 7, 8, 10, 11, 12–14, 15, 16–18, 20–23, 24–26, 28–32, 37, 38, 39–41, 42–45, 46–50, 51–59, 60–64, 66, 69, 76, 77, 78, 79–80, 81–84, 86, 87, 90, 93–96, 97–100, 102, 103, 104–107, 108–111, 112–116, 117, 118–120, 125, 126, 127–134, 135–136, 138–139, 142, 144–148, 149–151, Umschlagbild (Muscovitglimmer)

Historisches

Das Sammeln von Raritäten und Curiositäten und ihre Vereinigung in Cabinetten reicht sicher bis in die Zeit der Renaissance zurück, wurde aber gegen Ende des 17. und im 18. Jahrhundert besonders engagiert betrieben. Was Neugierde und Wissbegier ihrer Finder erregte, das waren Curiositäten. Ein ‹curiosus naturae› war also ein Naturforscher. Daher nannte sich die berühmte Leopoldina-Franciscana auch eine Academia Naturae Curiosorum. Damals gab es in Basel die Societas Medico-Physica Basiliensis, deren Acta von 1751 bis 1787 erschienen sind.
Vorwiegend Ärzte und Geistliche huldigten dieser Liebhaberei, daher waren ihre Cabinette auch privater Natur. Sie führen uns unmittelbar zu den fürstlichen Schatzkammern des Ancien régime. In ihren Interessen standen sich die Sammler aller Stände nahe. Sie wechselten Briefe und vervollständigten durch Tausch und Kauf ihren Besitz. Schon damals finden wir die ersten Naturalienhändler. Was wir über den Inhalt solcher Sammlungen wissen, verdanken wir einerseits gedruckten oder handschriftlich erhaltenen Katalogen; anderseits Reiseberichten von Zeitgenossen. Diese würdigten über die in den Katalogen gegebenen nüchternen Aufreihungen hinaus auch individuell wertend die gesehenen Bestände und verwiesen auf Besonderheiten. Sammeln, Ordnen, Katalogisieren und Auswerten waren damals schon wesentliche Sammleraufgaben — mit unterschiedlicher Sorgfalt und Liebe betrieben. Diese Cabinette standen zur Besichtigung bereit. Material aus ihnen bildet in nahezu allen grösseren Sammlungen den historischen Grundstock des heutigen Bestandes.
Auch in Basel huldigten Gelehrte und Liebhaber dieser Sammlerleidenschaft. Sie waren dabei teils auf das Zusammentragen streng regional begrenzter Bestände bedacht, teils auch weiteren Interessenbereichen offen. Die meisten dieser Basler Cabinette gingen bereits im 18. Jahrhundert durch Schenkung, Erbschaft oder Kauf in Staatsbesitz über und führten damit zum Aufbau einer grossen öffentlichen naturkundlichen Sammlung. Historisch und nach seinem Umfang Wichtiges sei hier genannt.
Die ältesten Objekte unserer Sammlung gehen auf das Cabinett Felix Platters (1536–1614) zurück, eines der ‹berühmtesten jener Zeit›, welches ‹von keinem Fremden, der nach Basel kam, unbesucht blieb›: fossile Haifischzähne, Blasen- und Nierensteine, Muscheln. Ebenfalls sehr früh, 1661, erwarb die Stadt Basel als erstes öffentliches Gemeinwesen das Amerbachsche Kunst- und Curiositätencabinett, woraus unser Museum einige Bernsteinstücke besitzt. Die wichtigsten Erwerbungen datieren aber erst aus

1
Palaeocarpilius macrocheilus (‹Pagurus lapideus›, Taschenkrebs). Alttertiär, Verona. Abgebildet in Gessners ‹De rerum fossilium, lapidum et gemmarum maxime, ...› (1565).

1

2
Felix Platter (1536–1614) war der Sohn des bekannten Schulmannes Thomas Platter. Er war Professor der Medizin und Stadtarzt von Basel.
3
Johann Jakob d'Annone (1728–1804) dozierte Römisches Recht sowie Mineralogie und Paläontologie. Später war er Inhaber eines juristischen Lehrstuhles.
4
Hieronymus Bernoulli (1745–1829) studierte Naturwissenschaften. Er erweiterte das von seinem Vater Niklaus angelegte Naturalienkabinett.
5
Peter Merian (1795–1883) lehrte Physik und Chemie, später auch Geologie und Paläontologie an der Universität Basel. Er förderte den Bau des Museumsgebäudes.

2

3

4

5

der zweiten Hälfte des 18. Jahrhunderts und der Zeit danach. Vor seinem Tode vermachte 1768 Hieronymus d'Annone (1697–1770) sein ‹Steincabinett› der öffentlichen Bibliothek. Sein Cabinett ist der historische Grundstock der Versteinerungen und der Mineraliensammlungen, zusammen mit den Beständen aus der Brucknerschen Sammlung. D'Annones handschriftlicher Katalog blieb uns erhalten. 1778 verkaufte Daniel Bruckner (1707–1781) seine Sammlung speziell baslerischer Objekte anlässlich eines Umzugs wegen der ‹Unkommlichkeit ihrer Versetzung› für 1000 neue französische Taler an den Staat, für einen Betrag weit unter dem damaligen Wert. Heute besitzen wir davon noch 74 Objekte, darunter eine stattliche Anzahl von Originalien zu Bruckners Werk ‹Versuch einer Beschreibung historischer und natürlicher Merkwürdigkeiten der Landschaft Basel› (1748–1763). Der Grosse Rat war weitsichtig: Sollte einmal später in Basel Naturgeschichte öffentlich gelehrt werden, dann könnten diese Objekte ‹einen grossen Nutzen dabey verschaffen›. Bruckners Cabinett war so renommiert, dass 1770 sogar der Landgraf von Hessen-Homburg bei Bruckner vorfuhr, um das wohlarrangierte Cabinett zu sehen.

1781 gelangte die Sammlung des 1772 verstorbenen Händlers und Mechanikers Johann Jakob Bavier (1710–1772) über dessen Bruder Heinrich ins Museum, offenbar nur noch ein geringer Rest der zuvor grossen Collection; 1804 das berühmte Cabinett des Johann Jakob d'Annone (1728–1804), eines Verwandten des Hieronymus; 1810 über Werner de Lachenal (1736–1800) der wenig umfängliche Nachlass der Sammlung Friedrich Zwingers (1707–1776). In der Collection des J. J. d'Annone befindet sich ein fossiler Taschenkrebs, der seinem Besitzer so wertvoll war, dass er sich mit ihm porträtieren liess. Dr. phil. et iur. J. J. d'Annone war Professor an der Basler Universität. Die genannten Bestände kamen in die öffentliche Bibliothek ins Haus ‹Zur Mücke› am Schlüsselberg. Sie blieben noch für längere Zeit zumeist in ‹besonderen Schränken› verwahrt.

1821 wurde das Naturkundliche Museum gegründet. Zum Ausstellen seiner Bestände erhielt es ein eigenes Haus, den ‹Falkensteinerhof›, am Münsterplatz. In den Jahren danach konnte der Besitz des Museums um einige wichtige Collectionen erweitert werden. So wurden für 80 Franken Restbestände der einst beachtlichen Sammlung des Arztes Abraham Gagnebin (1707–1800) aus La Ferrière im Jura erworben. Er war als Chirurg in fremden Kriegsdiensten gewesen und hatte die Gelegenheit benützt, in Frankreich Fossilien zu sammeln. Es gibt einen gedruckten Katalog von Gagnebins Funden. Als besonders wichtig ist das Legat von Hieronymus Bernoulli (1745–1829) zu bezeichnen, dessen Sammlung 1830 ans Museum überging. Sie galt als eine ‹Zierde unserer Stadt und des schweizerischen Vaterlandes›. Noch heute besitzen wir den handschriftlichen Katalog Bernoullis. Dieser führt die vielen Objekte nicht mehr alphabetisch, sondern sorgfältig nach Sachgruppen unterteilt und geordnet auf. Zudem enthielt die Bernoullische Sammlung nicht nur Mineralien, Erden, Gesteine und Fossilien, sondern umfasste auch eine zoologische Sammlung, die gemäss Katalog vom ‹embryo humanus› über die Wirbeltiere bis zu den Insekten reichte. So wurde dieses Legat zum historischen Grundstock der zoologischen Sammlung.

Bei der Trennung von Basel-Stadt und Basel-Landschaft 1833 hätte man beinahe die Sammlungen aufgeteilt. Durch einen Schiedsspruch wurden sie aber zum Staatsvermögen von Basel geschlagen. Die Stadt musste dafür allerdings 331 415 Franken an die Landschaft entrichten. In einer denkwürdigen Erklärung vom 6. Oktober 1843 wurde dann bestimmt, in Zukunft hätten alle Geschenke und Legate unabänderlich und unveräusserlich in der Stadt zu verbleiben.

Alle diese Sammlungen vergrösserten am Anfang des 19. Jahrhunderts den Raumbedarf, besonders nachdem auch Peter Merian (1795–1883) seine Sammlung dem neugegründeten Museum geschenkt hatte. Die Raumnot veranlasste die Verantwortlichen, für alle Sammlungen einen neuen Museumsbau ins Auge zu fassen. Man wählte das Areal des ehemaligen Augustiner-Eremitenklosters, weil diese Liegenschaft, bisher als Unterkunft für Stipendiaten genutzt, seit der Reformation der Universität gehörte. Ein Aufruf an die Bevölkerung, den Behörden mit freiwilligen Beiträgen die Finanzierung eines derart kostspieligen Baus zu erleichtern, ‹weckte den Bürgersinn›, so dass von 455 Spendern bald ein Betrag von 70 308 Franken gezeichnet war. Der Stadtrat beteiligte sich mit weiteren 16 000 Franken. Nachdem ein Ausschuss von Sachverständigen sich für einen der vorgelegten Baupläne entschieden hatte, bewilligte der Grosse Rat am 21. März 1849 noch 255 000 Franken für den Bau. Die Wahl war auf den Entwurf von Melchior Berri (1801–1854) gefallen. Berri war Schüler Weinbrenners in Karlsruhe und der damals bedeutendste Architekt des Spätklassizismus in der Schweiz; der Museumsbau an der Augustinergasse gilt auch international als das bedeutendste seiner Werke. Es wurde am 26. November 1849 eingeweiht. Das monumentale, neopompejanische Gebäude in der engen Augustinergasse

6
Versteinerter Nautilus und Bruchstücke von Nautiliden. Tafel aus Bruckners Werk ‹Versuch einer Beschreibung historischer und natürlicher Merkwürdigkeiten der Landschaft Basel›. Der Text zu Figur A lautet: ‹Nautilites squamatus maximus: Eine sehr grosse versteinerte Meerschnecke, die Schiffkuttel genannt.› Nach der neuen Nomenklatur handelt es sich um Cenoceras intermedium aus dem Lias. Fundort: Steingrube gegen Diepflingen.

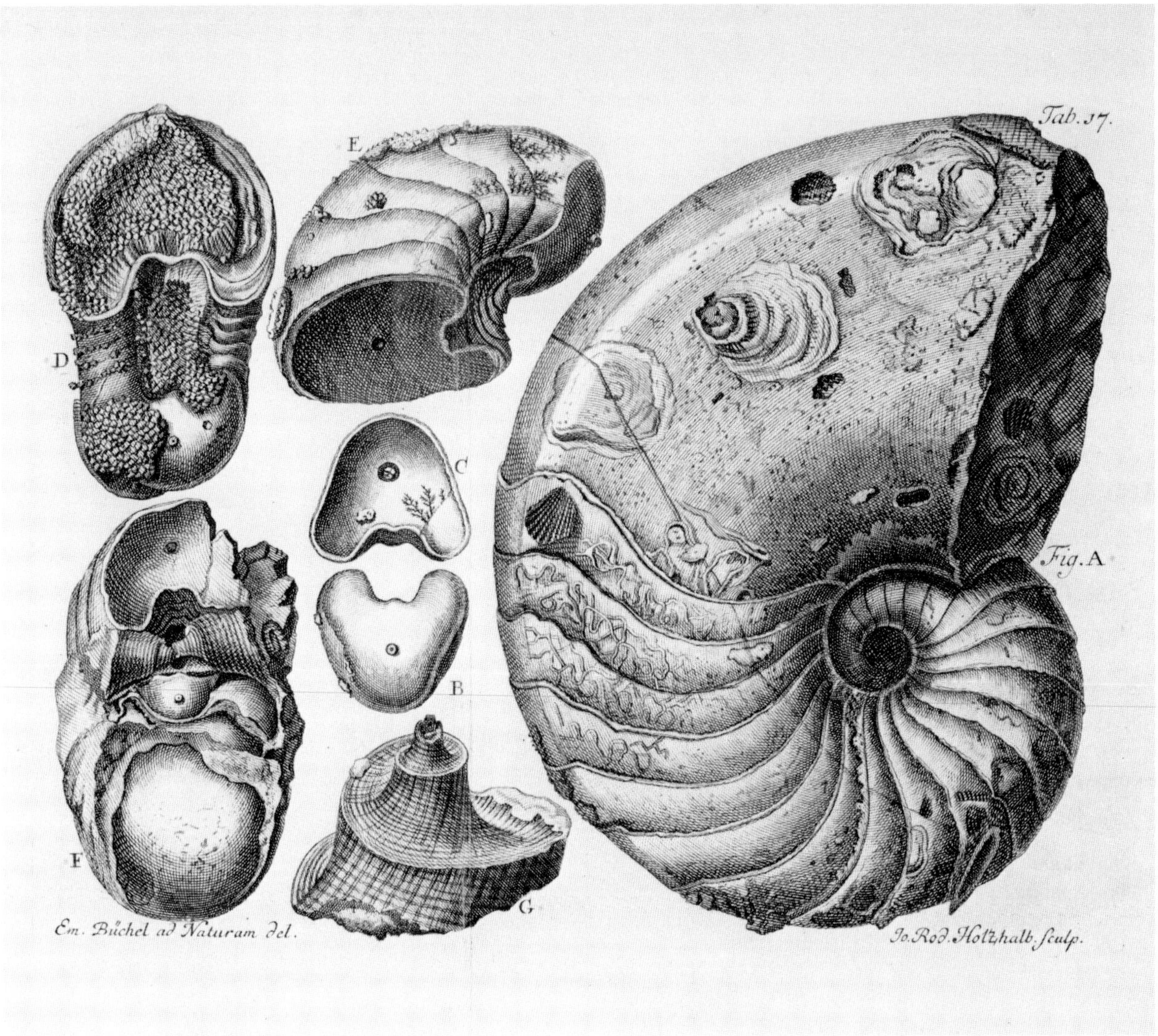

6

kann nur im Rahmen der damals geplanten Gesamtüberbauung verstanden werden. Sie sah vor, die gegenüberliegenden alten Liegenschaften abzureissen und sie durch eine grosse Freitreppe bis zum Rhein hinunter zu ersetzen. Erst dadurch wären die Fassade und der Fries über den oberen Fenstern gebührend zur Geltung gekommen.

Die naturhistorische Sammlung musste die Räume des Neubaus zunächst mit der öffentlichen Bibliothek, der sie ja schon immer angegliedert war, teilen, ausserdem mit der Kunst- und Antiquitätensammlung. Im Hause waren aber auch das physikalische Cabinett und das chemische Labor untergebracht. Peter Merian hatte Physik und Chemie an der Universität gelehrt, bis er diesen Auftrag 1827 an Christian Friedrich Schönbein (1799–1868) weitergab. Erst 1879 zogen Physik und Chemie ins Bernoullianum, 1896 die Bibliothek in ihren Neubau an der Schönbeinstrasse. Das verbliebene Naturhistorische Museum wurde zudem mit Räumen angrenzender Gebäude am Schlüsselberg für Arbeitsplätze und Depots erweitert: die Liegenschaften ‹Venedig›, ‹Fälkli› und ‹Weisser Bär›. Diese gotischen Häuser aus dem 16. Jahrhundert stehen heute unter Denkmalschutz. Das Relief mit dem Markuslöwen des Hauses ‹Zum Venedig› ist eines der schönsten Hauszeichen Basels.

1907 wurde mit der Einrichtung des elektrischen Lichtes der Anschluss an das anbrechende technische Zeitalter eingeleitet. Die Jahre 1914 bis 1917 brachten den Anbau von Räumen für die völkerkundlichen Sammlungen. In dieser Zeit zog auch die Kunstsammlung aus. Innenumbauten ermöglichten neue Ausstellungen, die 1932 der Öffentlichkeit zugänglich gemacht wurden. Mit der Aula besitzt das Museum bis heute einen für verschiedene Anlässe der Öffentlichkeit dienenden feierlichen Raum, dessen Wände reich mit Porträts früherer Basler Professoren ausgestattet sind.

7
Der Ausstellungssaal mit den wirbellosen Tieren wurde 1932 eröffnet. Obwohl dies unsere älteste Schausammlung ist, bietet sie einen guten – in didaktischer Hinsicht immer noch wertvollen – Überblick über die Insekten, über Krebse, Muscheln, Schnecken und andere Gruppen.

8 >
Die Eulenvitrine in der 1979 eröffneten Ausstellung ‹Einheimische Vögel› ist ein Beispiel moderner Ausstellungstechnik. Es wurde versucht, die Artenvielfalt der Vögel mit verschiedenen biologischen Fragen zu verbinden wie zum Beispiel Brutbiologie (Nistplatz der Schleiereule) und Nahrungserwerb (Gewölle und deren Inhalt).

7

1968 wurde mit der Unterkellerung des Innenhofs begonnen. Dieser mehrgeschossige Bau bietet grosszügige Schutzräume und Depots für die vom Museum verwahrten und verwalteten Kulturgüter. Durch Einziehen von Zwischenböden in die in ihrer Höhe etwas übersetzten Berrischen Geschosse konnte weiterer Ausstellungsraum gewonnen werden. 1972 wurde dieses Programm abgeschlossen.
Bereits im 19. Jahrhundert hat Peter Merian in grosszügiger und entschiedener Art die zusammengetragenen alten Bestände überarbeitet, geordnet und katalogisiert und sie damit als wissenschaftliches Arbeitsmaterial und als Kulturdokument gerettet, sonst wären sie im Wust des unbrauchbar Gewordenen verlorengegangen. Um 1900 waren die Bestände des Naturhistorischen Museums auf etwa 900 000 Objekte angewachsen. Mit Beginn des 20. Jahrhunderts war ein grosser Aufschwung unverkennbar, so dass wir heute rund 6,5 Millionen Sammlungseinheiten zählen. Sie sicher zu verwahren und zugleich einer wissenschaftlichen Auswertung leicht zugänglich zu halten, ist eine nie endende Aufgabe.
Unter der Riesenzahl der Objekte sind zwei Gruppen von besonderem wissenschaftlichem Wert. Das sind einmal die Belegstücke zu wissenschaftlichen Veröffentlichungen, sozusagen das Beweismaterial, dann die Typusexemplare, welche zur Aufstellung und Beschreibung neuer Arten dienten.
Durch Spenden Privater, die dem Museum Sammlungsgut aus allen Erdteilen zukommen liessen und auch finanziell halfen, erwuchs eine besonders zu schätzende Förderung. Heute helfen auch Beiträge des Freiwilligen Museumsvereins, der Gemeinnützigen Gesellschaft, der Freiwilligen Akademischen Gesellschaft, zusammen mit Zuwendungen aus der Wirtschaft. Sie ermöglichen den Ankauf besonders schöner und wertvoller Ausstellungsstücke.

8

In der Leitung des Museums können wir drei Abschnitte unterscheiden. Anfangs waren die Sammlungen zusammen mit Universitätslabors unter einem Dach vereint. So waren die Vorsteher der einen zugleich Dozenten an den andern. Peter Merian hat das Museum mitbegründet und es von 1821 bis zu seinem Tode 1883 geleitet! Er betreute nicht nur die Sammlungen, er lehrte neben Physik und Chemie auch Paläontologie und Geologie. Er wurde in seiner besonders umfänglichen Arbeit von einer Kommission unterstützt, deren Mitglieder ehrenamtlich tätig waren. Ihm folgte Ludwig Rütimeyer (1825–1895), Professor der vergleichenden Anatomie und Zoologie. Er leitete das Museum von 1883 bis 1895.

Der zweite Abschnitt ist gekennzeichnet dadurch, dass die Leitung des Museums um die Jahrhundertwende an Privatgelehrte übergeht, so an die Vettern Fritz (1859–1942) und Paul Sarasin (1856–1929) und Hans Georg Stehlin (1870–1941). Fritz Sarasin war von 1898 bis 1920 Präsident der Museumskommission, Hans Georg Stehlin von 1920 bis 1941. Die damalige Kommission kann man als die Exekutive des Museums ansehen. Das Museum gab diesen Privatgelehrten den offiziellen Rahmen für ihre Forschungen, sie ihrerseits setzten ihre ganze Arbeitskraft für Wissenschaft und Museum ein, und dies ohne jede Besoldung! Dieser Abschnitt endete damit, dass der Entomologe Prof. Eduard Handschin (1894–1962), seit 1946 Präsident der Kommission, zum hauptamtlichen Direktor des Museums gewählt wurde.

Der dritte Abschnitt in der Leitung und personellen Gliederung des Museums ist dadurch gekennzeichnet, dass die Leitung des Museums und seiner Abteilungen in Händen von beamteten, vom Staat angestellten Wissenschaftern liegt, welche dem Erziehungsdepartement unterstehen. Nach Handschin leitete Prof. Hans Schaub seit 1959 das Naturhistorische Museum. Seit 1979 ist Prof. Urs Rahm Direktor des Museums.

9
Auf dem undatierten Aquarell von J.J. Schneider (1822–1889) ist die Augustinergasse dargestellt, wie sie sich vor dem Bau des Museums präsentierte. Rechts das alte Augustinerkloster. Die Klostergebäulichkeiten wurden nach der Reformation zum Oberen Collegium der Universität. Es enthielt die Aula, Hörsäle und das Alumneum, d.h. die Wohnung für Stipendiaten.

9

Wie die meisten Museen hat auch unser Museum vornehmlich drei grosse Aufgaben:

- Betreuen, Konservieren und Ordnen des Sammlungsgutes;
- wissenschaftliche Bearbeitung der Objekte und Ergänzen der bestehenden Sammlungen;
- Öffentlichkeitsarbeit in Form von Ausstellungen, Publikationen, Führungen usw.

Zurzeit gibt es die Abteilungen Anthropologie, Entomologie, Geologie, Mineralogie, Osteologie, Zoologie. Die Anthropologie ist als jüngste erst 1971 eingegliedert worden, die andern entwikkelten sich aus dem historisch gewachsenen Sammlungsbestand. Die Forschungsrichtungen der einzelnen Abteilungen sind historisch bedingt, werden aber auch von den Spezialgebieten der jeweiligen Wissenschafter geprägt.

Der derzeitige Personalbestand umfasst 28 vollamtliche Mitarbeiter, von denen 12 als Wissenschafter tätig sind. Hinzu kommt aber eine alte, schätzenswerte Gepflogenheit unseres Hauses, nämlich ehrenamtliche Mitarbeiter in unseren Kreis aufzunehmen. Sie setzen die Reihe der früheren Privatgelehrten fort. Wir gewähren ihnen Arbeitsplatz und -möglichkeiten, sie bearbeiten dafür Bestände unserer Sammlungen aus ihren Spezialgebieten und helfen zugleich beim Ordnen und Katalogisieren.

Das riesig angewachsene Sammlungsgut könnte aber trotzdem nicht von uns allein bewältigt werden. Vieles wird daher auswärtigen Kollegen zur Erforschung überlassen. Diese bestimmen, beschreiben und publizieren das Material, das aber unser Eigentum bleibt. So darf man sagen, dass auch die Depotbestände nicht in ihren Fächern verstauben, sondern ebenfalls ein aktiver Teil unseres Museums sind.

10
Die Baupläne für das im neoklassizistischen Stil erbaute Museum stammen von Melchior Berri (1801–1854). Die Fassade wurde 1980 renoviert.

10

Mineralogie

<11
Rutil in der charakteristischen, streng gesetzmässigen Verwachsung als ‹Sagenit-Gitter›, daneben Muskovit und Dolomit. Aus dem Erdgasstollen bei Obergesteln, Wallis. Breite der Rutil-Verwachsung 3 cm.

12
Diese Etiketten aus dem Jahr 1797 beschreiben das älteste Fundstück unserer Lengenbacher Sammlung (Wallis). Es handelt sich dabei um das gelbe Auripigment (‹Opperment›) und den roten Realgar.

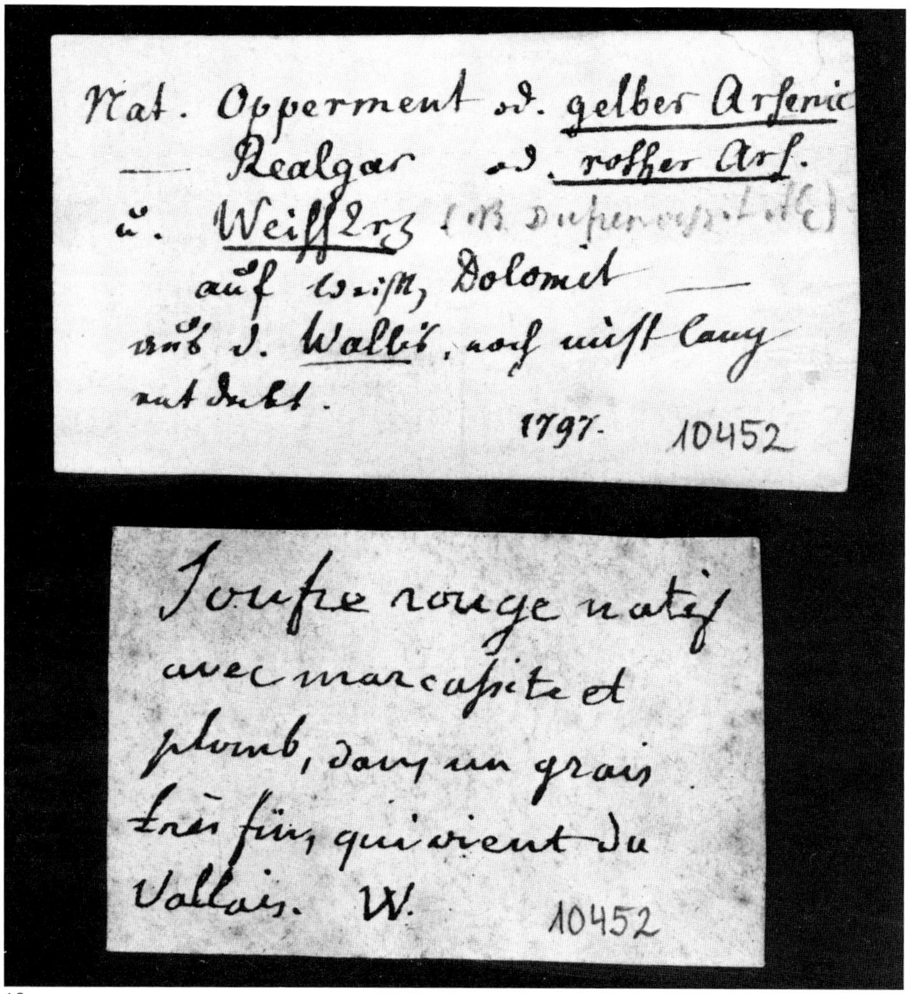

12

13 >
Die Mineralfundstelle Lengenbach im Binntal zählt zu den berühmtesten Mineralvorkommen der Welt: von den über 60 verschiedenen Mineralarten, die hier auftreten, wurden 14–15 Arten bisher nur an dieser Stelle und sonst nirgends in der Welt gefunden. Die vorliegende Aufnahme entstand 1969.

14 >
Calcitkristalle in rotem Bohnerz-Jaspis mit der Fundortbezeichnung ‹Tenniken 1752›. Das Mineral stammt aus der Sammlung von Hieronymus d'Annone, es wurde abgebildet und beschrieben in Daniel Bruckners Beschreibung der ‹Merkwürdigkeiten› (1760). Grösse des Hohlraumes 4 × 2,5 cm.

Die mineralogische Sammlung verfügt über jahrhundertealte, auch historisch wertvolle Stücke. Obwohl nur wenige schriftliche Belege zu diesen Sammlungsteilen erhalten sind und die Mineralien früher oft nicht vollständig etikettiert wurden, konnten schon manche Raritäten entdeckt werden. Allerdings war es erst in den letzten Jahren möglich, alle alten Sammlungsteile durchzuarbeiten, weil die Mineralogische Abteilung erst seit 1968 einen vollamtlichen Abteilungsvorsteher und anschliessend eine Ergänzung ihres Personalbestandes erhalten hat.

Die Anfänge der Mineraliensammlung

Der Muttenzer Pfarrer Hieronymus d'Annone schenkte 1768 sein Naturaliencabinett und legte damit den Grundstock zu den Versteinerungs- und Mineraliensammlungen. Die Objekte wurden bei den schon vorhandenen Naturalien aus dem Amerbach-Cabinett untergebracht, welches bereits 1661 in öffentlichen Besitz übergegangen war. Sie wurden interessierten Besuchern gezeigt. Die Amerbachsche Sammlung enthielt ursprünglich neben hervorragenden Werken bedeutender Künstler – so nebenbei – auch einige Mineralien, meist von berühmten Fundstellen, wie Gold aus Siebenbürgen, Teile des Meteorits von Ensisheim, Quarzkristalle aus den Alpen. Das Cabinett von H. d'Annone bestand hingegen aus Fundstücken aus dem Umkreis seiner Dienstorte, vornehmlich von Muttenz.
Aus dem Cabinett Amerbach befinden sich bei uns lediglich einige Bernsteinproben wie Perlen, ein Herzfragment, ein ‹salzfeslin›, die auch im Amerbachschen Inventar von 1586 aufgeführt wurden. In der mineralogischen Sammlung konnten wir bis jetzt erst drei Objekte der Sammlung d'Annone wiederfinden. Ein poliertes Stück Muttenzer ‹Marmor› (roter Hauptrogenstein), ein verkieselter Seeigel, welcher von seinem früheren Besitzer als Feuerstein verwendet worden war, und eine Calcitdruse in Knollenjaspis, die in seinem Katalog als ‹ein Agatstück mit Diamant von Tenniken› angeführt wird. Seeigel und Jaspisdruse wurden in Daniel Bruckners ‹Merkwürdigkeiten› beschrieben und abgebildet. Der Jaspis trägt die Aufschrift ‹Tenniken› und die Jahreszahl 1752.
1804, also 36 Jahre später, kam das Vermächtnis des Johann Jakob d'Annone, eines Onkels von Hieronymus, in öffentlichen Besitz. 1825 folgte die Mineraliensammlung Peter Merians und 1830 die Schenkung der Erben des Hieronymus Bernoulli.
Mit der zuletzt genannten gerieten auch einige Proben aus der im 16. Jahrhundert weltberühmten Sammlung Felix Platters in den Besitz der

13

14

öffentlichen Hand. So liest man auf einem um 1855 geschriebenen Etikett: ‹Chrysolith, Geschiebe und Kristalle aus der Plater'schen Sammlung›, wobei Platter selbst zu dem Objekt ein Zettelchen ‹Smaragdi› beigefügt hatte. Wenn auch nur noch einige Mineralien als Bestandteile dieser alten Sammlungen erhalten sind, ist man doch nie gewiss, wer der Finder oder frühere Besitzer dieser oder jener Stücke ist. Denn schon in früher Zeit haben die Sammler Stücke getauscht, verschenkt, Etiketten verloren und durch eigene ersetzt.

Weiterer Ausbau der Sammlung

Die Sammlungen wuchsen unaufhaltsam. Einige umfangreichere Eingänge seien genannt: 1862 das Vermächtnis Friedrich Heusler und die Schenkung der Sammlung Dienast durch seine Erbin Emilie Linder, dann 1907 die Schenkung Ditmar-Kerro, 1911 Mathäus Mieg, 1931 Th. Engelmann und endlich 1954 und 1962 Eingänge von Paul Bohny.

Es ist sehr wertvoll, dass auf diese Weise manchmal lebenslang gepflegte und vielleicht mit grossen finanziellen Opfern zusammengetragene Bestände begeisterter Sammler einer öffentlichen Institution übergeben wurden. Um das Vorhandene sinnvoll zu ergänzen oder um wichtige Sammlungen für das Museum zu erwerben, hilft seit 1850 der Freiwillige Museumsverein. Schon ein flüchtiger Blick auf die Beschriftung in den Ausstellungen zeigt, wie viele schöne Mineralien diesem Verein zu verdanken sind. So kam auch 1863 die ausserordentlich wichtige Sammlung von Hans Sulger in unser Museum. Aus ihr sind alpine Mineralien zu nennen, die heute ihresgleichen suchen: Anatas, Magnetit, Rutil aus dem Binntal, Almandin, Vesuvian, Titanit, Perowskit aus der Umgebung von Zermatt, Scheelit von der Kammegg. Oberflächenfunde von solcher Qualität und Schönheit sind—von Ausnahmen abgesehen—in den späteren Jahren nicht mehr gemacht worden.

Die schönsten Stufen mit Mineralien aus der Schweiz aus dem 18. und 19. Jahrhundert sind Oberflächenfunde. Die Objekte aus dem übrigen europäischen Raum dagegen stammen aus dem damals noch aktiven, heute zumeist aufgelassenen Bergbau. Die schönsten alpinen Funde des 20. Jahrhunderts verdanken wir Tunnelbauten, so die berühmten Anhydrite aus dem Simplontunnel, das Elektrum und den gewundenen Quarz aus dem Gotthardbahntunnel, die schönen Stufen mit unverwitterten Karbonaten aus dem Stollen der Erdgasleitung am Nufenen. Die Kraftwerksbauten, wie der Grimselstollen, lieferten die schönsten Rosafluorite. Will der Strahler, der

15
Amethyst vom Fieschergletscher, Wallis. Amethyst ist eine violette Varietät des Minerales Quarz, die vor allem in Südamerika vorkommt. Die abgebildeten Kristalle gehören zu den intensivst gefärbten Amethysten, die in den Schweizer Alpen gefunden wurden. Grösse der Stufe 6 × 4 cm.
16 >
Cafarsit, Pizzo Cervandone, Italien / Schweiz – 1966 als neues Mineral bestimmt und publiziert. Grösse der Stufe 5,5 × 3,5 cm.
17 >
Anatas aus dem Binntal, Wallis. Obwohl die Kristalle nicht besonders gross sind (max. 1,3 cm hoch), gehören sie zu den schönsten Anataskristallen der Alpen.
18 >
Realgar, Lengenbach, Binntal. Roter Realgar, schwarze seltene Sulfidmineralien im schneeweissen Dolomit – so sehen typische Lengenbacher Proben aus. Höhe der abgebildeten Stufe 8 cm.

15

einheimische Mineraliensammler, heute frische und unbeschädigte Kristalle finden, so greift er mitunter zu Bohrhammer und Sprengstoff. Das Fundgut muss er gelegentlich aus unzugänglichem Gebiet mit dem Helikopter oder eigens dafür gebauter Seilbahn abtransportieren. Einigen dieser Objekte haftet eine tragische Leidensgeschichte an. Aus solchen neueren Sammlertätigkeiten seien die grosse Rauchquarzstufe vom Zinggenstock oder die Amethyste vom Hinterwasen am Fieschergletscher erwähnt.
Sammlungen wachsen durch Geschenke, Deposita, Tausch oder Ankauf, aber auch durch eigene, planmässige Sammeltätigkeit und Grabungen. So werden seit 1958 im Binntal durch die ‹Arbeitsgemeinschaft Lengenbach›, an der unser Museum seit 1964 beteiligt ist, immer neue Mineralien aus dieser weltberühmten Fundstelle gewonnen. Eine beträchtliche Zahl unserer Schweizer Mineralien stammt aus dieser Fundstelle, an der man bis jetzt über 60 verschiedene Mineralarten festgestellt hat, wovon etwa 14 noch nirgends sonst gefunden wurden. Das macht die Fundstelle Lengenbach nicht nur wissenschaftlich hochinteressant, auch die dort gewonnenen einmaligen Mineralien werden zu wertvollen Tauschobjekten. Ein Siebentel der gesamten Ausbeute geht alljährlich an unsere Sammlung, wovon ein kleiner Teil zum Einhandeln seltener ausländischer Mineralien Verwendung findet.
Bei der Neuaufstellung der Sammlung wurde ein Objekt aus dem Lengenbach entdeckt, dessen Etikett die Zahl 1797 trägt. Dieses Mineral gelangte also schon in unsere Sammlung ein halbes Jahrhundert bevor die mineralogischen Untersuchungen im Binntal begonnen hatten. Schon im Altbestand der Sammlungen waren Objekte von vielfach einzigartiger Qualität von dieser Fundstelle vorhanden.

Bestand und Gliederung unserer Sammlung

Heute umfasst unsere Sammlung etwa 50000 Einheiten, in der von den bekannten 2500 Mineralarten etwa die Hälfte vertreten ist. Sie zählt somit zu den grössten Sammlungen der Schweiz. Um einen derart grossen und vielfältigen Bestand übersichtlich zu ordnen, ist eine klare Gliederung unumgänglich. Den äusseren Anlass zu einer vollständigen Neuordnung boten die 1972 fertiggestellten Schutzräume für Kulturgüter des Museums. Es war naheliegend, den Bestand dabei in eine regionale und eine systematische Abteilung zu gliedern.
Die regionale Sammlung besteht zum grössten Teil aus Funden aus den Schweizer Alpen und dem Schweizer Jura, geordnet nach dem in dem

16

17

18

19 >
Mineralfundstellenkarte aus dem Jahr 1760 von G.S. Gruner. Diese Karte, die wohl als älteste Darstellung dieser Art für die Schweiz anzusehen ist, erschien in dem Werk ‹Die Eisgebirge des Schweizerlandes› (3 Bände, 1760–1762). Die Originalgrösse der Karte beträgt 41,5 × 39 cm.

Werk ‹Die Mineralfunde der Schweiz› (R.L. Parker) aufgestellten Prinzip. Dabei ist die Schweiz nach geographisch-mineralogischen Kriterien in 16 Fundgebiete unterteilt. Der Schweizer Sammlung sind weitere regionale Bestände angegliedert: Minerale aus den Vogesen, dem Schwarzwald, Kaiserstuhl, Hegau und aus den südlich an die Schweiz angrenzenden Gebieten. Ein Bestand aus einheimischen Erz-, Salz- und anderen Lagerstätten, zum grössten Teil zwischen 1886 und 1923 von Carl Schmidt gesammelt und in zahlreichen Schriften veröffentlicht, vervollständigt das Bild der Mineralvorkommen der Schweiz. Darüber hinaus bilden Belegsammlungen zu wissenschaftlichen Publikationen über kristalline Gebirge der Schweiz einen gewichtigen Teil des verwalteten Materials.
Die systematische Sammlung umfasst Mineralien aus der ganzen Welt, die nach kristallchemischen Grundlagen geordnet sind, wie sie die international anerkannte Mineralsystematik von Hugo Strunz seit 40 Jahren in immer neuen Auflagen publiziert. Nach diesem System sind die Meteoriten, die Kollektion bearbeiteter Steine, Hüttenprodukte, Bausteine wie auch Proben ausländischer Erzlagerstätten eingeordnet.

Dauerausstellungen

Auf die Ausstellungen wurde das gleiche Ordnungsprinzip angewendet. Von jeder Einheit werden Proben in geeigneter Auswahl gezeigt, jede mit knappen Angaben zu Mineralart, Fundort und Eingang. In der systematischen Ausstellung sind dazu chemische Formel und Kristallsystem angegeben.
Am Eingang zu der systematischen Ausstellung (Mineralien aus aller Welt) wurde als Hinweis auf die Mineralien als Bauelemente der festen Gesteine, welche die Erdkruste aufbauen, eine kleine Schau der wichtigsten Gesteine und der sie aufbauenden Mineralien zusammengestellt. Um die mineralogische Zusammensetzung einiger Gesteine auch im Mikrobereich dem Besucher nahezubringen, wurde nach unseren Entwürfen ein Mikroskop konstruiert, das die Betrachtung von Gesteinsdünnschliffen ermöglicht. So kann die Farbenpracht, wie sie der Wissenschafter beim Bestimmen gesteinsbildender Mineralien vor Augen hat, in unserer Ausstellung miterlebt werden.
Ist ein nutzbares Mineral in einem Gestein so angereichert, dass es abbauwürdig wird, dann nennen wir das Vorkommen eine Lagerstätte. Viele von diesen liefern wichtige Rohstoffe. Einige Beispiele machen darauf aufmerksam: Gold aus dem Rhein bei Basel! Tatsächlich wurden hier bis ins 19. Jahrhundert Münzen aus Rheingold geprägt. Dass der Rhein auch heute noch Gold führt, zeigen einige Proben, welche als Ertrag einer Sonntagsbeschäftigung gewonnen wurden.
In den Vitrinen hinter der grossen Amethystdruse finden wir Mineralien, die nur zu einem kleinen Teil aus dem Gestein herauspräpariert sind. Es sind zum grössten Teil Hohlraummineralien, systematisch geordnet. ‹Aber die Säulchen, wer schliff sie so glatt, spitzte sie, schärfte sie glänzend und matt?› (Goethe). Nicht nur der Dichter, auch unsere Besucher stehen oft betroffen vor der mathematischen Strenge und Gesetzmässigkeit der Kristalle und damit vor der Frage, ob nicht ihre Formen und Flächen etwa von Menschenhand geschliffen sind. Darum wird es oft schwerfallen, sich in der Vielfalt der Kristallformen zurechtzufinden. Ein Würfel kann nicht nur streng geometrisch als Kubus (siehe die ausgestellten Würfel von Bleiglanz und Steinsalz), sondern auch verzerrt vorkommen, bis zu Nadeln ausgezogen, abgeplattet, aber auch in Kombinationen mit anderen geometrischen Formen auftreten. So stellt etwa das grosse blechförmige Gold von Verespatak nur ein extrem verzerrtes Oktaeder dar. Dem Platin in der gleichen Vitrine dagegen sieht man sofort an, dass es abgerollt ist, also wie unser Rheingold aus Flussgeschiebe stammt. Die Fülle von Farbvarietäten bestimmter Kristallarten kann man an Granat oder Turmalin bewundern, wobei Farbnuancen durch geringe Unterschiede in der chemischen Zusammensetzung bedingt sind. Ähnlich ist es beim Beryll mit blauen, rosa, grünen, gelben Kristallen, die man zum Teil auch mit verschiedenen Namen versehen hat wie Aquamarin, Smaragd, Heliodor u.a.
Besonders harten Mineralien, die oft geschliffen als Edelsteine benutzt werden, stehen Schnitzereien aus weicheren Mineralien gegenüber, so Figuren aus Agalmatholith, Realgar und Zinnober. Der Besucher findet hier Gegenstände aus Nephrit und Jade, dem für den Fernen Osten kulturhistorisch so bedeutsamen Stein, daneben aber auch Objekte aus bearbeitetem Quarz, einem für Europa im Mittelalter wichtigen Material, wie etwa Pokale aus Achat oder Bergkristall.
Für diese Edelsteinausstellung stellte sich das Problem, auf engem Raum eine möglichst vielfältige Auswahl dieser Kleinodien zu präsentieren. Dazu wurde eine Ausstellung mittels Setzkastenprinzip geplant, wobei zunächst die (enorm wichtige) Beleuchtung der Objekte ein fast unlösbares Problem darstellte. In einem glücklichen Moment entstand die Idee, die Beleuchtung mit sogenannten Lichtleitern (Faser-Optik) zu bewerkstelligen, und erfreulicherweise erwies sich diese Idee auch als durchführbar. Das Prinzip stellt sich folgendermassen dar: Jede Vitrinenhälfte der Edelstein-

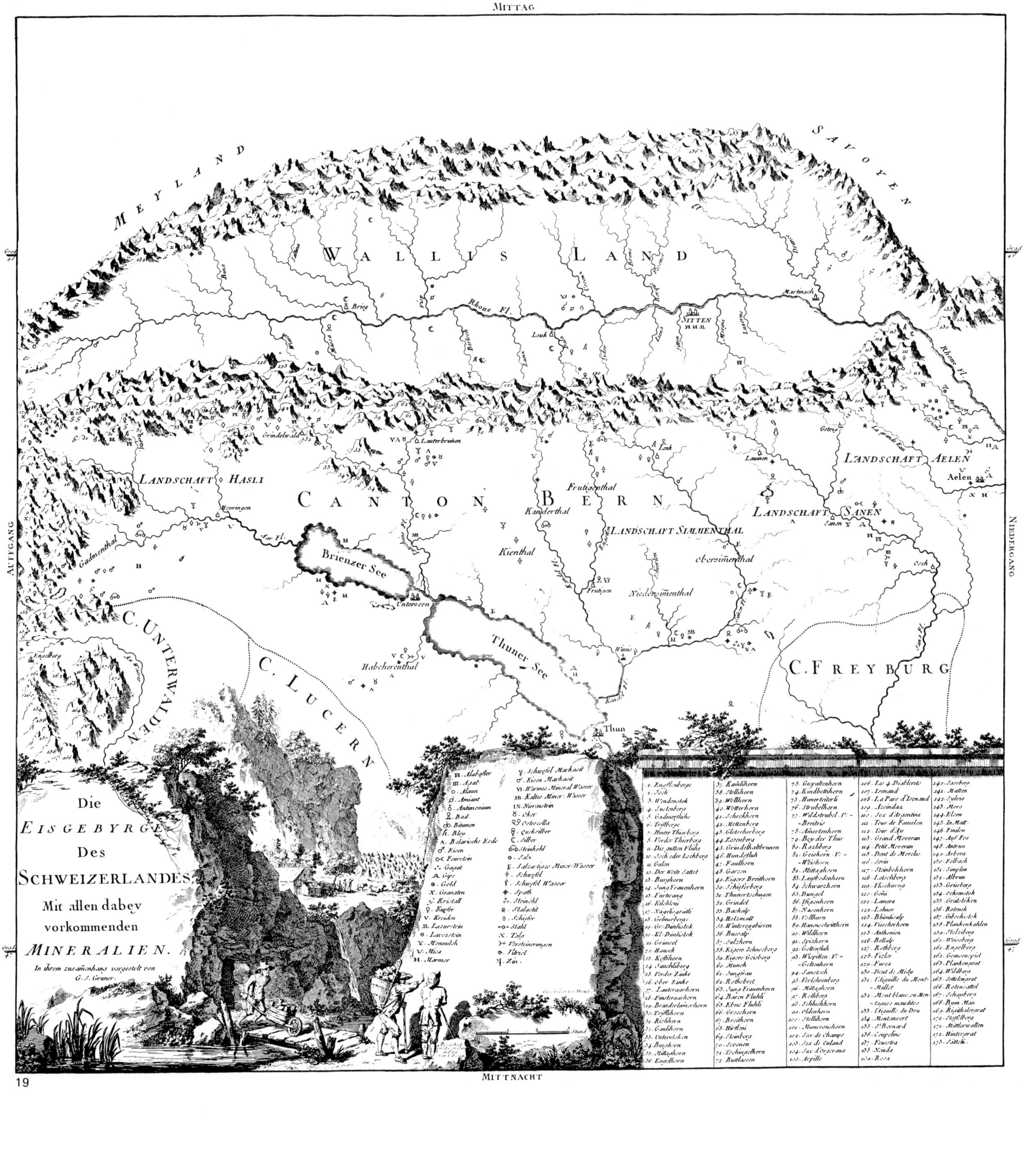

MITTAG
MITTNACHT
AUFGANG
NIEDERGANG
MEYLAND
SAVOYEN
WALLIS LAND
Rhone Fl.
Brieg
Leuk
SITTEN
Martinach
CANTON BERN
LANDSCHAFT HASLI
Grindelwald
Lauterbrunen
Meyringen
Gadmenthal
Aar Fl.
Brienzer See
Unterseen
Thuner See
Thun
Kanderthal
Kienthal
Frutigenthal
Frutigen
LANDSCHAFT SIMMENTHAL
Obersimmenthal
Niedersimmenthal
Lenk
LANDSCHAFT SANEN
Sanen
LANDSCHAFT AELEN
Aelen
Habcherenthal
C. UNTERWALDEN
Engelberg
C. LUCERN
C. FREYBURG
Die
EISGEBYRGE
Des
SCHWEIZERLANDES
Mit allen dabey vorkommenden
MINERALIEN.
In ihrem zusamenhang vorgestelt von G. S. Gruner.
Alabaster
Agat
Alaun
Amiant
Antimonium
Bad
Bitumen
Bley
Bolarische Erde
Eisen
Feurstein
Gagat
Gips
Gold
Granaten
Kristall
Kupfer
Kreiden
Lazurstein
Lavezstein
Monmilch
Mica
Marmor
Schwefel Markasit
Eisen Markasit
Warmes Mineral Wasser
Kaltes Miner: Wasser
Nierenstein
Oker
Osteocolla
Quksilber
Silber
Steinkohl
Salz
Salzartiges Miner: Wasser
Schwefel
Schwefel Wasser
Spath
Steinöhl
Stalactit
Schiefer
Stahl
Talg
Versteinerungen
Vitriol
Zin
Stund
1. Engstlenberge
2. Joch
3. Wendenstok
4. Sustenberg
5. Gadmerflühe
6. Trifftberge
7. Hinter Thierberg
8. Vorder Thierberg
9. Die gutten Flühe
10. Joch oder Lochberg
11. Galen
12. Der Weite Sattel
13. Burghorn
14. Jung Frauenhorn
15. Furtwang
16. Kilchleni
17. Nägelisgrätli
18. Gelmerberge
19. Gr: Dänlistok
20. Kl: Dänlistok
21. Grimsel
22. Hauek
23. Kesslihorn
24. Jauchliberg
25. Vorder Zinke
26. Ober Zinke
27. Lauteraarhorn
28. Finsteraarhorn
29. Branderlamerhorn
30. Trifftihorn
31. Rizlihorn
32. Gaulihorn
33. Untersteken
34. Burghorn
35. Mittaghorn
36. Engelhorn
37. Kamlihorn
38. Stellihorn
39. Wellhorn
40. Wetterhorn
41. Schrekhorn
42. Mettenberg
43. Gletscherberg
44. Zesenberg
45. Grindelkaltbrunen
46. Hundsfluh
47. Faulhorn
48. Garzen
49. Eigers Breithorn
50. Schieferberg
51. Thunertschugen
52. Grindel
53. Bachalp
54. Holzmatt
55. Wintereggbirren
56. Bussalp
57. Sulzhorn
58. Eigers Schneeberg
59. Eigers Geisberg
60. Munch
61. Jungfrau
62. Rothebret
63. Jung Frauenhorn
64. Baren Fluhli
65. Ebne Fluhli
66. Grosshorn
67. Breithorn
68. Hürtleni
69. Steinberg
70. Sevenen
71. Tschingelhorn
72. Buttlassen
73. Gespaltenhorn
74. Kindbettihorn
75. Himerteiterli
76. Strubelhorn
77. Wildstrubel V: -Breiteis
78. Amertenhorn
79. Bey der Thür
80. Razliberg
81. Geishorn V: -Weishorn
82. Mittaghorn
83. Laufbodenhorn
84. Schwarzhorn
85. Dungel
86. Iffgenhorn
87. Nasenhorn
88. Vollhorn
89. Hanenschritthorn
90. Wildhorn
91. Spizhorn
92. Geltenfluh
93. Wispillen V: -Geltenhorn
94. Sanetsch
95. Verlohrenberg
96. Mittaghorn
97. Rothberg
98. Schluchhorn
99. Oldenhorn
100. Stellihorn
101. Mumeronshorn
102. Sex de Champs
103. Sex de Culand
104. Sex d'Orgevaux
105. Arpille
106. Les 4 Diablerets
107. Isenaud
108. La Pare d'Isenaud
109. Azeindaz
110. Sex d'Argentine
111. Tour de Famelon
112. Tour d'Ay
113. Grand Moveran
114. Petit Moveran
115. Dent de Morcles
116. Serin
117. Steinbokhorn
118. Letschberg
119. Flischwang
120. Gömi
121. Lamera
122. Lohner
123. Blümlisalp
124. Viescherhorn
125. Anthonien
126. Bellalp
127. Rothberg
128. Fizler
129. Furca
130. Dent de Midy
131. l'Aiguille du Mont-Mallet
132. Mont blanc, ou Montagnes maudites
133. l'Aiguille du Dru
134. Montanvert
135. St Bernard
136. Coupeline
137. Fenestra
138. Neinda
139. Rosa
140. Sassberg
141. Matten
142. Sylvio
143. Moro
144. Elsen
145. In Matt
146. Finilen
147. Auf Foe
148. Antrun
149. Arbora
150. Felbach
151. Simplen
152. Albrun
153. Griesberg
154. Ochsenstok
155. Grätstöken
156. Rotenek
157. Gibschistok
158. Plankenkahlen
159. Stolziberg
160. Weissberg
161. Engelberg
162. Gemsenspiel
163. Plankengrat
164. Wildberg
165. Settelengrat
166. Rotensattel
167. Schauberg
168. Bym Man
169. Rigithalergrat
170. Stoffelberg
171. Mittlerwallen
172. Hintergrat
173. Sätteli.

20

21

20
Eisenhydroxide als nierig-traubiges Aggregat, Fundort Schönau bei Séléstat, Vogesen. Solche rundlichen Gebilde sind das Ergebnis von Verwitterungsvorgängen auf eisenhaltigen Erzlagerstätten. Es handelt sich dabei natürlich nicht um einzelne Kristalle, sondern um Aggregate aus feinfaserigen winzigen Kriställchen, vergleichbar mit den Kalk-Stalaktiten bei Tropfsteinhöhlen in Kalkgesteinen. Die Breite der abgebildeten Probe misst 6,5 cm.

21
Amethyst und Chalcedon, angeschliffene und polierte Platte vom Schlüsselstein bei Bergheim in den Vogesen. Der Schlüsselstein ist eine altbekannte Fundstelle dieser beliebten violetten Quarzvarietät. Die Aktivität allzu vieler Mineraliensammler hat allerdings dazu geführt, dass die Fundstelle heute weitgehend erschöpft ist. Die Grösse der gesamten Platte beträgt 21 × 15 cm.

22
Violetter Flußspat (Fluorit) und weisser Baryt (Schwerspat) vom Tempelhof bei Bergheim in den Vogesen. Diese Fundstelle lieferte viele Jahre lang Fluoritstufen in ausgezeichneter Qualität mit makellosen würfeligen Kristallen. Auch sie ist heute erschöpft und nicht mehr zugänglich. Der grösste Fluoritwürfel hat eine Kantenlänge von 2,4 cm.

23
Uranophan (gelbe Nadeln) und Uranocircit vom Kunkelbachtal bei Menzenschwand im Schwarzwald. Die Abbildung zeigt recht deutlich die für viele uranhaltige Mineralien typische intensive Färbung. Die Uranerze von Menzenschwand werden übrigens für technische Verwendung abgebaut. Höhe der abgebildeten Stufe 3 cm.

22

23

schau (je 20 Setzkastenfächer) wird durch eine einzige Lampe beleuchtet, deren Licht durch zwanzig 150 cm lange Lichtleiter gleichmässig auf die Fächer verteilt wird. Die biegsamen Lichtleiter gestatten dabei zusätzlich eine genauestens richtbare Beleuchtung der zum Teil winzigen Objekte, die auf diese Weise voll zur Geltung kommen.

Die systematische Ausstellung führt dem Besucher die Vielfalt der Mineralienwelt vor Augen, ihre Farben, Lichtdurchlässigkeit, den Glanz, den Formenreichtum, sei es der Einzelkristalle oder auch ganzer Aggregate, ungeachtet ihrer genetischen oder geographischen Zusammengehörigkeit.

Die regionale Ausstellung (Mineralien aus der Schweiz und aus der Basler Regio) will Mineralien aus bestimmten Gebieten zeigen, wie sie im Gestein, in Erzgruben, in Klüften vorkommen. Die Unterteilung in 16 Fundgebiete nach geographisch-mineralogischen Kriterien bildet das Einteilungsprinzip für Sammlung und Ausstellung. Zusätzlich sind Mineralien aus den Vogesen, dem Kaiserstuhl und Schwarzwald zusammengestellt. Beim Betreten des Saales ist man beeindruckt von der grossen Zahl an Bergkristallen und Rauchquarzen, von Calcit und Adular. Diese Mineralien sind neben dem weniger häufigen Albit, einem Feldspat, in alpinen Klüften allgemein verbreitet.

Höhepunkte der ausgestellten Schweizer Mineralien sind die riesigen Anataskristalle aus dem Binntal, die violetten Anhydrite aus dem Simplontunnel, die seltenen Mineralien aus dem Lengenbach, die Rosafluorite von der Grimsel, die eine echte Rarität geworden sind.

Die straffe Unterteilung der Mineralien auf Fundgebiete (Schweizer Sammlung) und in kristallchemische Mineralklassen (systematische Sammlung) in den neuen Magazinräumen war eine direkte und unerlässliche Vorarbeit für die Neugestaltung der Ausstellungen. Diese Arbeit erstreckte sich über mehrere Jahre, da die Mineralogische Abteilung zunächst ein Einmannbetrieb war. Ein grosser Teil dieser Arbeiten wurde so, höchstens noch unter zeitweiliger Mitarbeit von Studenten und Gymnasiasten, durchgeführt. Insgesamt erstreckten sich diese Arbeiten (bis zur Eröffnung der zweiten Ausstellung) über acht Jahre, wobei die eigentlichen Ausstellungsarbeiten in den dafür bestimmten Räumen etwa die Hälfte dieser Zeit benötigten (je zwei Jahre für jede Ausstellung).

Die wissenschaftliche Bearbeitung des Sammlungsgutes

Eine so umfangreiche Sammlung wie die unsrige muss wissenschaftlich bearbeitet werden, soll sie ihren Wert nicht verlieren, sondern – im Gegenteil – vermehren. Allein die Identifizierung von Mineralien, was ja schon die Voraussetzung ihrer richtigen Einordnung in die Sammlung oder Ausstellung ist, kann mit grossen Schwierigkeiten verbunden sein und aufwendige Apparaturen voraussetzen. So ist die Tätigkeit des Mineralogen am Museum zwangsläufig mit der Mineralsystematik verbunden. Zwei Forschungsrichtungen werden bei uns bevorzugt betrieben: systematische Mineralogie und Inventarisierung der Schweizer Mineralien.

In der systematischen Mineralogie gelangen einmal selbstgesammeltes Material zur Untersuchung, dann Material aus Altbeständen, aber auch Neuanschaffungen des Museums (Fundstelle Lengenbach). Anderseits steht aber auch die Fülle an Proben zur Untersuchung an, die alljährlich von Mineraliensammlern zur Identifizierung zugeschickt werden. Die Untersuchung erfolgt zunächst mittels der Röntgendiffraktion (Beugung der Röntgenstrahlen am Kristallgitter). Ein Teil der nötigen Apparaturen konnte durch den Schweizerischen Nationalfonds finanziert werden. Falls nötig, kommen ergänzende Untersuchungen chemischer Art (Mikrosonde) und die Rasterelektronenmikroskopie dazu. Die dazu notwendigen, sehr kostspieligen Apparaturen sind in den erdwissenschaftlichen Instituten der Universität Basel vorhanden und können für uns eingesetzt werden. Um eine möglichst wirksame und vielseitige Nutzung unserer Sammlung zu erreichen, wurden in den letzten Jahren auch gewisse Mineralgruppen zum Gegenstand von mineralogischen Dissertationen von Studenten gemacht. Häufig wird auch schon genau bearbeitetes Material unserer Sammlung zu Vergleichs- und Standardisierungszwecken (Mikrosonde) am Mineralogischen Institut verwendet.

Die Forschungstätigkeit auf diesem Gebiet hat bisher zur Neubeschreibung von fünf Mineralarten geführt, weitere drei bis vier Arten sind in Bearbeitung. Das primäre Untersuchungsmaterial, die ‹Holotypen›, wird in unserer Sammlung aufbewahrt. Diese Zahl nimmt sich eher klein aus etwa im Vergleich mit den Holotypen der Entomologen. Betrachtet man aber die Gesamtzahl der nur etwa 2500 sicheren Mineralspezies im Vergleich zu den Hunderttausenden der Zoologie, so erhalten diese Zahlen doch ein anderes Gewicht. Ein Beispiel: Der in den Bergen des Binntals gefundene Cafarsit dürfte eines der grössten und schönsten der während der letzten zwanzig Jahre

24
Calcitaggregat, Steinbruch bei Münchenstein. Calcit, das häufigste Mineral der Jura-Region, kann in sehr schön ausgebildeten Kristallen gefunden werden. Grösse der einzelnen Kristalle etwa 2 cm.

25
Quarzkristalle, nach dem Japaner Gesetz verzwillingt, aus dem Val Formazza, Italien. Diese spezielle Verwachsungsart des Quarzes war bis vor einigen Jahren in den Alpen nicht bekannt, heute kennen wir einige Fundstellen. Länge der Einzelkristalle etwas über 2 cm.

26
Anatas auf Dolomit, aus dem Erdgasstollen bei Obergesteln im Wallis. Diese dunklen Kriställchen entwickelten sich zu einfachen bipyramidalen Formen und sehen damit wesentlich anders aus als etwa die Anatase der Abb. 17. Höhe der Kristalle etwa 0,4 cm.

27
Calcit aus dem Steinbruch Münchenstein, hier in ungewöhnlicher, rosettenartiger Ausbildung. Durchmesser etwa 2,5 cm.

24

25

26

27

28
Anhydrit aus dem Simplontunnel. Diese violetten Kristalle, die während des Baues des Simplontunnels gefunden wurden, stellen eine echte Rarität dar und erfreuen sich weltweit einer steigenden Beliebtheit. Grösse des Kristalles 8,5 × 5,5 cm.

29
Elektrum aus dem Gotthard-Bahntunnel, stellt eine natürliche Legierung von Silber und Gold dar (hier etwa 50% Gold). Grösster Durchmesser etwa 2 cm.

30
Rosafluorit auf Quarz, Göschener Alp. Schöne Exemplare dieser rosafarbenen Fluoritart sind in den letzten Jahren sehr selten geworden, die meisten grossen Funde stammen von Kraftwerkbauten auf der Grimsel und im Urner Gebiet. Kantenlänge der Kristalle bis 2 cm.

28

29

30

31
Adamin von Mapimi, Mexico. Adamin, ein wasserhaltiges Zinkarsenat, ist ein typisches Umwandlungsprodukt bei der Verwitterung von Zinkerzen, das meist in solchen rundlichen Kristallaggregaten gewachsen ist. Durchmesser der Kugel etwa 4 cm.
32
Turmalin (Elbait) von Serra da Mesa, Brasilien. Der Kristall lässt deutlich erkennen, dass während des Wachstums die chemische Zusammensetzung variierte, wodurch der Farbwechsel verursacht wurde. Länge des Kristalles 5 cm.
33
Blaue Hornblende in Dolomit, Rosswald am Simplon. In solchen Dünnschliffpräparaten (Dicke etwa 0,03 mm) studiert der Petrograph die mineralogische Zusammensetzung von Gesteinen mittels eines Polarisationsmikroskopes. Vergrösserung etwa 60fach.

31

32

33

34
Röntgenaufnahme eines Kristalles. Mit Hilfe solcher Röntgenbilder an orientierten Kristallsplittern können die kristallographischen Eigenschaften der Mineralien ermittelt werden. Diese Untersuchungen führten zur Identifizierung des neuen Minerales Vigezzit (1979).
35
Aufnahme mit dem Raster-Elektronenmikroskop an Smythit von Erlimoos bei Olten. Heute können modernste Untersuchungsverfahren für mineralogische Untersuchungen eingesetzt werden, die – wie in diesem Fall – vieltausendfache Vergrösserung ermöglichen.
36
Raster-Elektronenmikroskop-Aufnahme von Smythit. Das Studium von Unregelmässigkeiten von Kristallflächen liefert wichtige Hinweise auf die Symmetrieeigenschaften von Kristallen. Diese Wachstumsstörungen sind übrigens ‹Hügel› und nicht Löcher – was unter Umständen schwierig zu erkennen sein kann.

37 >
Pokal aus Bergkristall (Quarz) aus den Schweizer Alpen. Die Arbeit stammt aus dem 18. Jahrhundert. Im Mittelalter und auch später noch wurden Quarzkristalle häufig zu Kelchen und Pokalen geschliffen, eine Arbeit, die viel Geduld und Geschick erforderte. Spezielle Berühmtheit erlangten dabei die venezianischen Schleifereien.

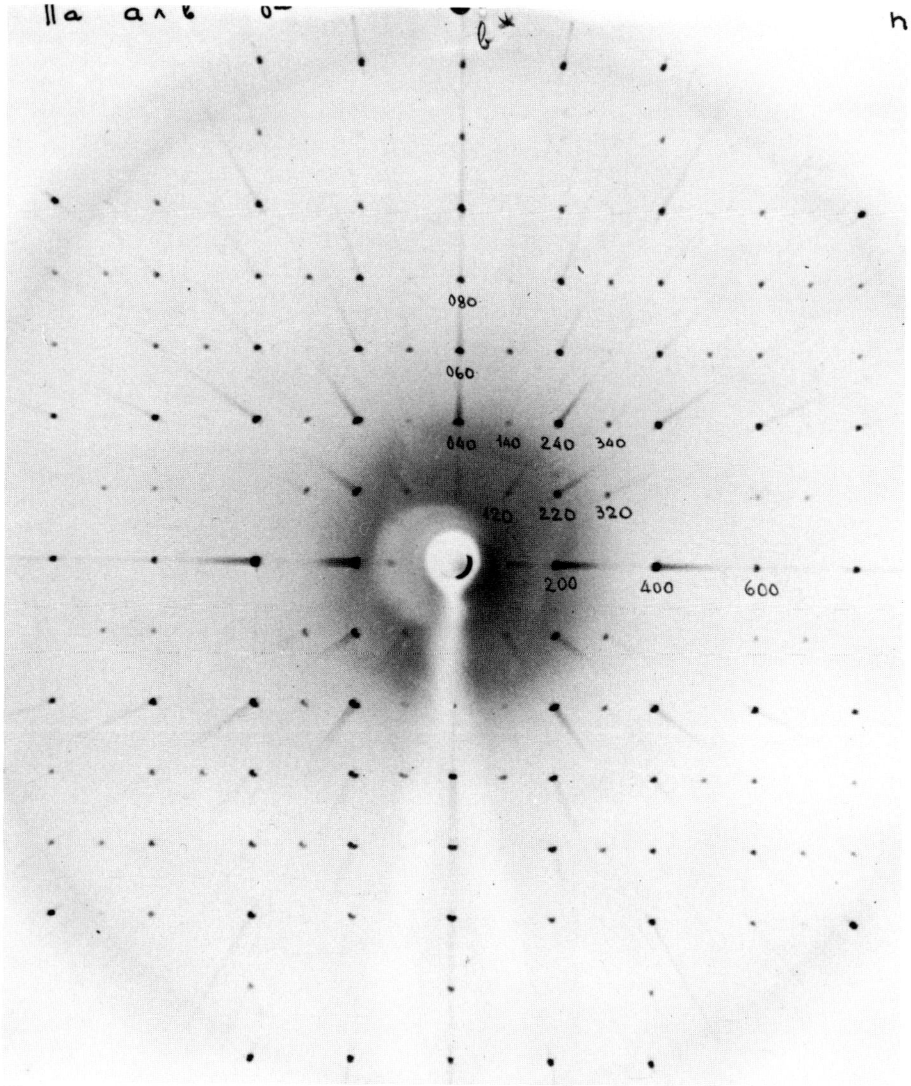

34

35

36

neu beschriebenen Mineralien sein. Dazu sei betont, dass jede dieser neuen Mineralspezies erst einem internationalen Gremium von Mineralogen (International Mineralogical Association) zur Begutachtung vorgelegt werden muss, ohne deren Zustimmung keine Neubeschreibung publiziert werden kann. Es bedarf kaum des besonderen Hinweises, dass solche neu beschriebenen Mineralarten ein ausserordentlich hochwertiges Tauschmaterial darstellen, für das andere seltene Mineralien eingetauscht werden können, die sonst kaum für teures Geld erhältlich wären.

Ein zweites wichtiges Forschungsgebiet ist die Inventarisierung der Schweizer Mineralien. Auch hier kommt der äussere Anstoss zu diesen Arbeiten zu einem guten Teil von Mineraliensammlern, die ihre Fundstücke identifizieren lassen möchten. Damit interessante Neufunde richtig erfasst und registriert werden können, ist wiederum gute Zusammenarbeit zwischen den Bearbeitern nötig. Daher wird von den Betreuern der grossen Sammlungen in Zürich (ETH), Bern und Basel im Laufe von jeweils ein oder zwei Jahren eine Liste mit kurzer Beschreibung interessanter Neufunde aus der Schweiz und den angrenzenden Gebieten veröffentlicht. Ziel dieser Publikationen ist eine Registrierung von Neufunden, die dann später in neuen Auflagen des Standardwerkes ‹Die Mineralfunde der Schweiz› aufgenommen werden können.

Die Zahl der alljährlich erfassten Neufunde ist überraschend gross. Vereinzelt führten solche Neufunde und ihre Identifizierung auch schon zur Entdeckung bisher unbekannter Mineralarten. Solche Untersuchungen sind daher für die mineralogische Sammlung in doppelter Hinsicht interessant: Einerseits wird durch sie die Dokumentation über schweizerische Mineralien à jour gehalten, anderseits bleibt meistens das untersuchte Material im Besitz des Museums und bildet damit eine ausserordentlich wichtige und zugleich kostenlose Ergänzung der Sammlungsbestände.

Geologie

Wie die Sammlung entstand

Die Sammlung der geologischen Abteilung ist sicher eine der ältesten des Naturhistorischen Museums; denn früher sammelte man in Basel bevorzugt Fossilien und – etwas weniger häufig – Mineralien. Dabei wurde zunächst die Umgebung von Basel durchstreift. Fossilien aus dem nahen Jura überwogen. Bald griff man weiter aus, in den ganzen Jura, schon allein, weil auch ein Austausch mit Sammlern in der weiteren Nachbarschaft bestand, etwa im Neuenburgischen oder in der Ajoie. Der Jura ist heute noch ein Sammlungsschwerpunkt.

Bald dehnten sich die Interessen aber auch auf die übrige Schweiz aus, da der Bau von Strassen, Bahnlinien und Tunnels im Mittelland und in den Alpen oft neue Aufschlüsse in zugleich noch völlig frischem Gestein, teilweise mit prächtigen Fossilien, zutage brachte. Das wiederum reizte, Vergleichsmaterial aus benachbarten Ländern zu beschaffen. So wurden Basler Sammler auch in weiterem Umkreis tätig. Grössere Sammlungen von Makrofossilien, besonders aus dem Mesozoikum und dem Tertiär, vervollständigten bald die vorhandenen schweizerischen Bestände.

Ein ganz neues Bild ergab sich mit dem Anbrechen des ‹Erdölzeitalters›. Nicht wenige Schweizer Geologen traten in den Dienst von Erdölgesellschaften und kamen dadurch in viele überseeische Länder. Was sie dort sammelten und erwarben, haben sie in oft grosszügiger Weise dem Museum überlassen – für sie selber dann später Anlass, auch ihre Mitarbeit dem Museum zu schenken. Dabei bildeten sich neue Schwerpunkte in den grossen Erdölfördergebieten: Vorderer Orient, Indonesien, tropischer Teil von Amerika. Da unsere Sammlungen dadurch räumlich stark anwuchsen, mussten zwangsläufig vom Raum her Schwerpunkte gesetzt werden. Die Zeiten ziellosen und damit uferlosen Sammelns sind vorbei. Nur um des reinen Besitzens und Anhäufens willen sind grössere Zugänge nicht mehr erwünscht. Vielmehr trachten wir danach, diejenigen Sammlungskomplexe auf- und auszubauen, die wissenschaftlich bearbeitet werden, also auch in die Zielvorstellungen unserer Forschungsarbeit passen. Das sind vor allem die beiden genannten geographischen Bereiche ‹Ju-

<38
Versteinerte Reste von Seeigeln, Seesternen und Schlangensternen liegen auf der Oberfläche einer Gesteinsplatte aus dem Berner Jura in grosser Vielfalt beieinander. Malm (oberes Oxfordian), Reuchenette. Diese wissenschaftlich interessanten Fossilien werden zurzeit untersucht und beschrieben (Hess, 1981), worauf die Finder und Eigentümer, Herrn und Frau Zbinden, Biel, das Stück unserer Sammlung übergeben werden.

39

39
‹Basaltsäulen.› Schrumpfungsrisse in einem Lavaerguss erzeugen mehr oder weniger regelmässige eckige Gesteinssäulen. Diese tonnenschweren Ausstellungsstücke wurden für uns in einem Steinbruch in Nordirland ausgesucht.

40
Eine Gesteinsfalte in Schichten der Kreidezeit zeugt von den Kräften, welche ganze Areale von versteinerten Meeresböden zusammenschoben und zum Alpengebirge auftürmten. Küblis, Prättigau

41
Gerundete Flußschotter vielfältiger Herkunft und Art vereinigen sich in der ‹polygenen Nagelfluh› vom Rossberg, Schwyz.

40

41

ra› und ‹tropisches Amerika›, sodann die stratigraphischen (erdgeschichtlichen) Schwerpunkte Jura und Tertiär, ausserdem gewisse systematische Gruppen wie Mollusken, Echinodermen und Foraminiferen. Die Organisation der Sammlung steht natürlich im Zusammenhang damit. Eine Sammlung muss so gegliedert sein, dass man sie wie eine Bibliothek benützen kann, also sachlich sinnvoll und räumlich optimal angeordnet. Dies ist unerlässlich; denn eine Sammlung so auszubauen, dass ihre Objekte bei Bedarf etwa über einen Computer abgerufen werden könnten, geht über unser Vermögen.

Was wir heute ausstellen

Der Besucher eines Museums bekommt seine Eindrücke vor allem von den Ausstellungen. Von dem, was dahintersteht und dem, was gar sonst noch zu den Aufgaben eines Museums gehört, weiss er meistens nichts. Alte Schausammlungen waren stratigraphisch (d.h. entsprechend der Schichtenfolge) aufgebaut, gingen vom Älteren zum Jüngeren über und belegten diese Folge mit möglichst schönem und reichlichem Material, aber oft mit viel zu vielen und beziehungslos nebeneinanderliegenden Objekten. Den heutigen Besuchern fällt der Zugang zu solch gedrängter Darstellung schwer.

Schon 1967 gingen wir mit der Ausstellung ‹Erdgeschichte der Umgebung von Basel› neue Wege. Besondere Sorgfalt wurde der graphischen Behandlung und dem optischen Gesamteindruck gewidmet. Der Publikumserfolg war entsprechend erfreulich. Wegen notwendiger Umbauarbeiten musste diese Ausstellung bald wieder aufgehoben werden.

An ihre Stelle trat Ende 1978 die ständige Schau mit der Doppelthematik ‹Die Erde› und ‹Die Versteinerungen der Umgebung von Basel›.

Die ‹Erde› erreicht man über das Treppenhaus, in dem einige grössere Objekte und ein Schichtprofil der Gegend von Basel untergebracht sind, am Eingangspanorama (‹Kandersteg›) vorbei. Hier sind drei Themenkreise aufgebaut: der Schalenbau der Erde als Ganzes, die Erdkruste als ein Mosaik sich gegeneinander verschiebender Krustenplatten und die Erdoberfläche mit den sie beeinflussenden Kräften wie Wasser, Eis und Wind. Das Thema Erdoberfläche wird dabei an einem Schnitt vom Hochgebirge (+8844 m) bis zum Tiefseegraben (−11034 m) entwickelt. Als ‹roter Faden› durch das Thema dient der Weg des abfliessenden Wassers. Mehr als mit Text wird mit didaktischen Hilfsmitteln versucht, dem Besucher ein geologisches Grundwissen zu vermitteln: topographische und geologische Kärtchen und Profile, Diagramme und Blockmodelle, Photos und Dias, Farbtransparente, Kurzfilme, Globen (auch Leuchtgloben). Eine grosse Weltkarte enthält wichtige Elemente zum Verständnis der Erdkrustenbewegungen (Plattentektonik): Erdbebenzentren, Vulkane, Plattengrenzen, welche durch Knopfbedienung zum Aufleuchten gebracht werden können. In der Wendeltreppe

42
Dass die Erdkruste nur eine dünne, erstarrte Abkühlungshaut um das glutheisse Erdinnere darstellt, wird im Modell deutlich, wo unser Planet in einem Schnitt vom Mittelpunkt bis zur Oberfläche dargestellt ist. Bei zweieinhalb Metern Höhe erscheint im Modell der feste Boden unter unseren Füssen nur noch als dünner Strich.

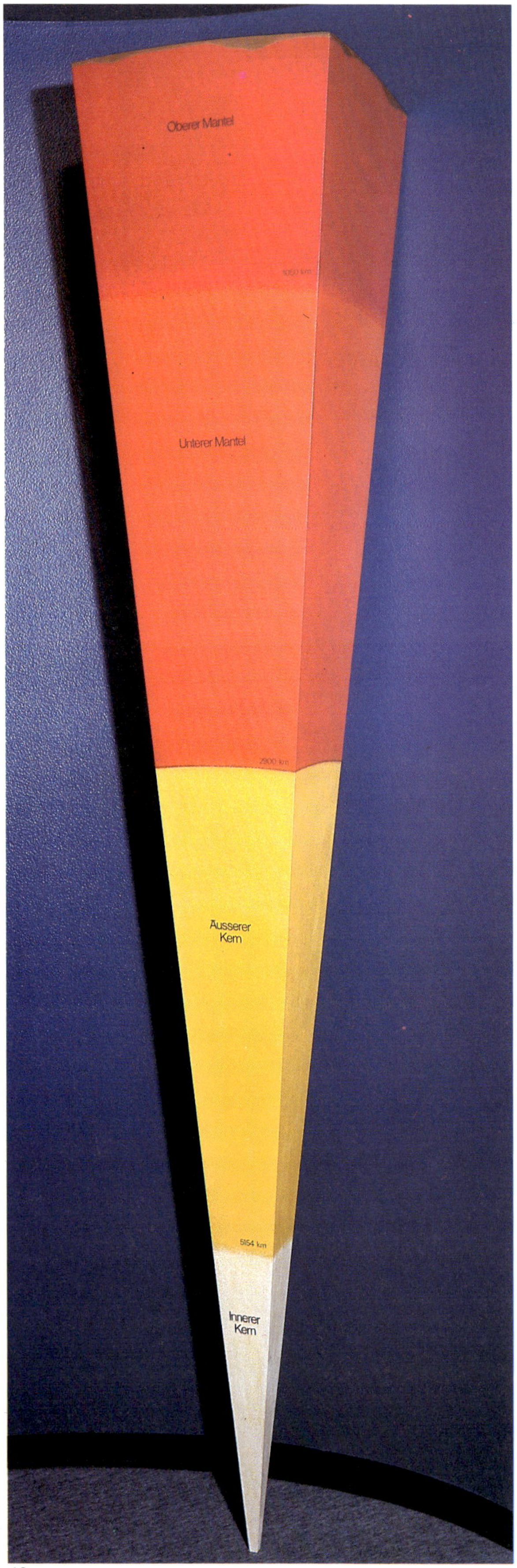

42

gibt ein grosses Modell des Bohrschiffs ‹Glomar Challenger› (grösste Bohrtiefe —7049 m) eine Vorstellung von den Methoden der Erforschung des Meeresbodens. Grosstransparente im oberen Teil der Saalwand umfassen bildmässig noch einmal die Veränderungen der Erdoberfläche. So zeigt diese Schau nicht statische Einzelheiten, sondern versucht, erdhistorisch abgelaufene Vorgänge mit heute beobachtbaren zu erklären.
In dieser Schau stehen den 97 Naturobjekten 35 Modelle, 130 Photos, 35 Reproduktionen und 136 Graphiken zur Erläuterung gegenüber. Nur ein Teil dieser Objekte stammt aus alten Beständen, vieles musste erst erworben werden: Gesteinsproben und Fossilien, zahlreiche Photos und Vogelschaubilder, Karten und Modelle, die schönen Basaltsäulen von Ulster (Nordirland), die Kissenlava von der Insel Elba.
Die Schau ‹Versteinerungen der Umgebung von Basel› auf der Galerie enthält zunächst Einzeller und andere Mikrofossilien. In den übrigen Vitrinen sind die Fossilien nach verwandtschaftlichen Gruppen und zugleich nach Zeitabschnitten angeordnet, so dass die Entwicklung einzelner Gruppen deutlich wird. Die Farbgebung des Hintergrundes der einzelnen Vitrinen lehnt sich an die Farbgebung für die Zeitabschnitte der neueren geologischen Jurakarten an. Die zahlreichen Fossilien sind übersichtlich angeordnet, so dass der Liebhaber und Sammler seine eigenen Funde anhand dieser Schau bestimmen kann. Viele der Objekte beeindrucken durch ihre Schönheit.
Diese ständige Schau zu planen, aufzubauen und fertigzustellen, machte das Aufgebot einer grossen Zahl von Spezialisten nötig. Ein Gestalter wurde zugezogen. Feldarbeit ging voraus, Abgüsse und Photos mussten im Feld gemacht werden. Modellbauer waren am Werk. Unser Präparator hatte allein an der grossen Leuchtwand 5300 Löcher zu bohren, zu verkabeln und über 3 km optischer Fasern zu bündeln. Von der ersten Konzeption bis zur Eröffnung vergingen acht Jahre. Der Aufbau der Ausstellung nahm während zweier Jahre die volle Arbeitszeit einer Arbeitsgruppe in Anspruch.
Neben dieser grossen, ständigen Schau planen wir auch Wechselausstellungen und Wanderschauen, die einerseits aktuelle Themen der Geologie darstellen, aber auch Altbekanntes aktualisieren werden.

Die laufende Arbeit im Museum

Die geologische Abteilung verfügt derzeit über drei wissenschaftliche Beamte. Sie werden von einem Sekretär unterstützt, der die Sammlungen betreut und bei der Öffentlichkeitsarbeit, vor allem bei der Veranstaltung von Führungen durch

43–45
Seit einigen Jahren verfügen wir über eine praktische Vorstellung, wie im grossen und ganzen die wichtigsten geologischen Vorgänge auf der Erdoberfläche zusammenhängen. Ein Höhepunkt der Ausstellung ‹Die Erde› ist eine Weltkarte, auf der die Besucher durch Knopfdruck die gedanklichen Bausteine dieser Theorie sichtbar machen können. Die bemalte Karte mit ihren Tausenden von farbigen Lichtpunkten (Erdbebenzentren und Vulkane), mit aufleuchtenden Linien und blinkenden Pfeilen wurde von Mitarbeitern des Museums erfunden und in geduldiger handwerklicher Feinarbeit ausgeführt.

43

44

45

46
Abtragung und Ablagerung sind die gegensätzlichen Erscheinungsformen der Kräfte, die von jeher Landschaften modellieren: In den Ablagerungen vom Grund flacher Schelfmeere finden sich die Spuren reichen Lebens oft massenhaft. Glycymeris, Palermo, Jungtertiär.

47
An den Küsten werden die Trümmer vom Festland von den Wellen zerkleinert. Strandgerölle von Südengland.

48
Auf dem Festland sorgen Oberflächen- und Grundwasser für die chemische Auflösung von Kalkgesteinen. Karstbildung in Karbonkalk aus den Pennine Hills, England.

49
Feiner Schlamm ist von den Wellen zu Rippeln geformt worden, die sich über Jahrmillionen erhalten haben. Fundstück aus dem Rheinbett bei Basel; Bildung im Tertiärmeer.

46

47

48

49

50
Im Herbst 1978 wurde der neu eingerichtete Geologie-Ausstellungssaal nach jahrelangen Vorbereitungen der Öffentlichkeit übergeben. Die Ausstellung ‹Die Erde› und die Galerie der Versteinerungen aus der Umgebung von Basel erfreuen sich grosser Beliebtheit.
Aus dem Innern der Ausstellung schweift der Blick zum Eingang. Durch einen schmalen Durchgang geleitet und auf das Thema eingestimmt von einem Grosspanorama aus der Bergwelt des Berner Oberlandes, betritt der Besucher eine modern gestaltete Ausstellungslandschaft.

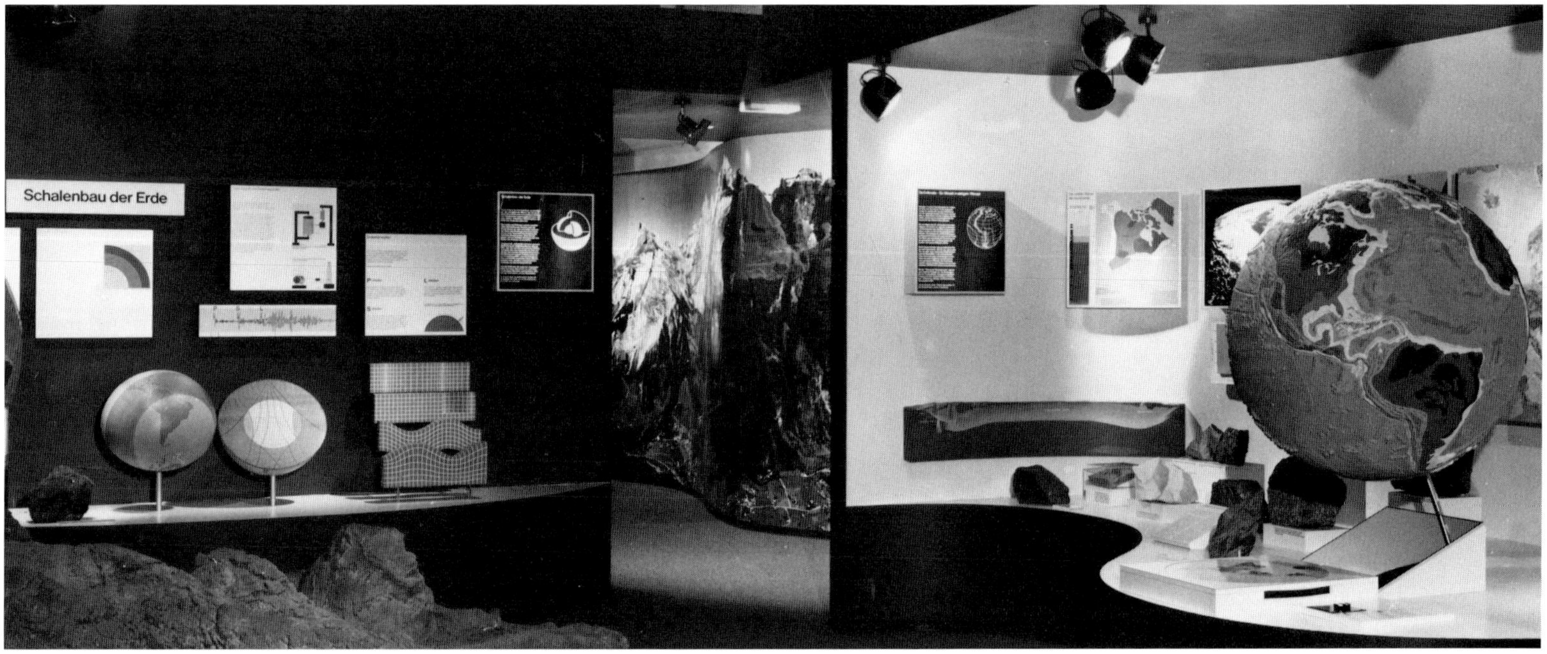

50

die Ausstellung, mithilft. Dazu kommt ein Präparator, zu dessen Aufgaben die Aufbereitung eingegangenen Materials gehört, so Sieben und Schlämmen von Bodenproben, das Sägen und Polieren von Gesteinsstücken und, als besonders heikle Aufgabe, die Anfertigung von Dünnschliffen für die mikroskopische Untersuchung. Er präpariert Objekte für die Sammlungen oder zu Ausstellungszwecken und fertigt Abgüsse an, die anstelle der Originale auswärts vergeben werden können. Für besondere Untersuchungen steht uns auch das Rasterelektronenmikroskop der Universität zur Verfügung.
Im Museum könnte nur ein Bruchteil der Forschungsarbeit geleistet werden, wenn nicht erfreulicherweise seit langem freiwillige (d. h. unbezahlte) Mitarbeiter mithelfen würden. Es sind oft im Ruhestand lebende Geologen, die in den Jahrzehnten ihrer Praxis reiche Erfahrungen gesammelt haben und diese nun dem Museum zur Verfügung stellen, oder Berufstätige, die ihre Freizeit der Museumsarbeit widmen. — Eine Durchsicht der Jahresberichte zeigt, dass in den letzten eineinhalb Jahrhunderten der weitaus grösste Teil der Mitarbeiter unentgeltlich am Museum arbeitete, ja hundert Jahre lang lebte die geologische Abteilung ausschliesslich von unbezahlter Arbeit. Dieser Einsatz privater Initiative kann nicht hoch genug eingeschätzt werden. Erst 1927 wurde der erste beamtete Mitarbeiter eingestellt. In neuerer Zeit nahm die Zahl der festangestellten Mitarbeiter zu, nicht zuletzt auch wegen der stark angewachsenen Arbeit an den Ausstellungen. Zu den genannten Mitarbeitern kommen einige Stipendiaten des Schweizerischen Nationalfonds. Auch sie arbeiten im Rahmen der Forschungsaufgaben der Abteilung.

Forschungsaufgaben

Viele Besucher kommen ins Museum ohne zu wissen, dass neben dem Sammeln, Ordnen und Zurschaustellen den wissenschaftlichen Bedien-

51
Coroniceras (Paracoroniceras) oblongaries (Quenstedt), Ammonit.
Unterer Lias (Sinemurian), Bölchenweid bei Eptingen, Kt. Baselland.
52
Planorbis pseudoammonius (Schlotheim), Süsswasserschnecke.
Alttertiär (Eozän, Lutetian), Schönrain bei Hochwald, Kt. Solothurn.
53
Rhabdocidaris orbignyana (Agassiz), Seeigel.
Malm (Badener Schichten), Baden, Kt. Aargau.
54
Purpuroidea moreausia (Buvignier), Purpurschnecke.
Malm (Oxfordian), La Caquerelle bei Asuel, Kt. Jura.
55
Pleurosmilia maxima Koby, Einzelkorallen.
Malm (Oxfordian), La Caquerelle bei Asuel, Kt. Jura.
56
Trigonia ehningensis Rollier, Muschel.
Dogger (Bathonien), Munifeld bei Nuglar, Kt. Solothurn.

51

52

53

54

55

56

57

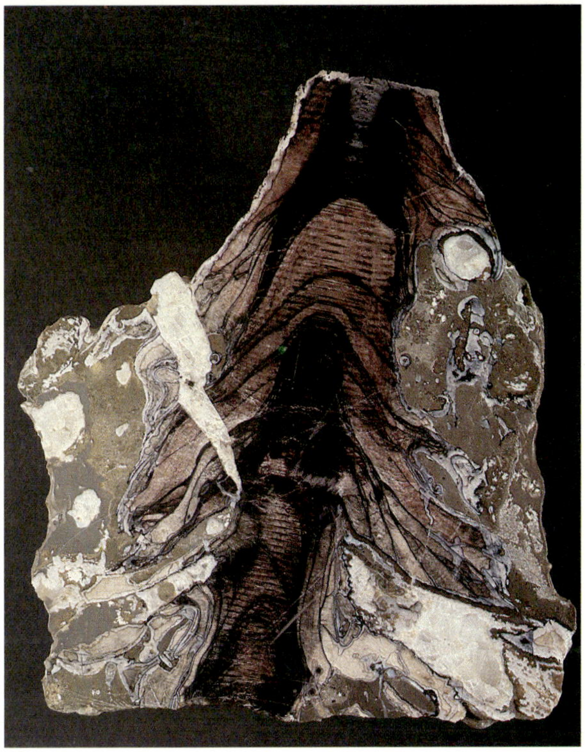

58

59

57
Foraminiferen, einzellige, marine, kalkschalige Tiere gehören zu den Forschungsobjekten unseres Museums. Auf dem abgebildeten Midyat-Kalk (aus Südanatolien) sind die Schalen von Grossforaminiferen (Nummuliten und Assilinen) teilweise herausgewittert. Sie erlauben eine genaue Angabe des Alters des Gesteins: 49 Millionen Jahre.

58
Ein polierter Querschnitt durch einen Seelilien-Wurzelstock zeigt, wie sich das Tier im weichen Schlamm des Meeresbodens verankerte. Ausstellungsstück vom Fringeli, Solothurner Jura, Oxfordian.

59
Die Vitrine der Dogger-Ammoniten steht als Beispiel für die Präsentation ausgewählter Versteinerungen aus der weiteren Umgebung von Basel in der Geologieausstellung.
Während man sich bei den meisten Fossilgruppen auf eine Gliederung nach Schichtalter beschränken musste, können bei den Ammoniten zusätzlich auch verwandtschaftliche Beziehungen der Arten untereinander mit Hilfe einer stammbaumähnlichen Anordnung gezeigt werden.

steten noch andere Aufgaben gestellt sind, dass ein grosses Museum auch eine Forschungsstätte ist. Worum es dabei geht, wird weitgehend durch die besonderen Interessengebiete der Wissenschafter bestimmt. Dies ist eine unumgängliche Konzession an die heute gegebene Spezialisierung der Wissenschaft.

Museumsgeologen beschäftigen sich vornehmlich mit der Bestimmung von Formen und Formengruppen von Fossilien. Erst die Systematik als Basiswissenschaft macht die richtige Bestimmung der Formen möglich, ist aber Hilfswissenschaft. In unserer Abteilung geht es um drei wichtige Sammlungsgruppen: die Ammoniten des Mesozoikums, die Mollusken des Tertiärs, die Foraminiferen des Tertiärs. Erst nach Bearbeitung einer ganzen Gruppe lassen sich Aussagen machen über die in ihr vorhandenen verwandtschaftlichen Beziehungen, über die relative Altersfolge der einzelnen Formen, die ökologischen Bedingungen zur Ablagerungszeit. Forschungsziel ist, herauszufinden, wie sich ganze Vergesellschaftungen von Fossilien in übereinanderfolgenden Schichten verändern, welche Fossilien also für welche Schichten besonders typisch sind. Man nennt diese Forschungsrichtung Biostratigraphie. Nach dem, was oben über die hier behandelten Gruppen gesagt wurde, betreiben wir also Biostratigraphie des Mesozoikums und des Tertiärs.

Biostratigraphie des Mesozoikums

Ammoniten: Das Spezialgebiet eines unserer Konservatoren sind die Ammoniten des Malms (Oberer Jura). Zurzeit arbeiten zwei unserer freiwilligen Mitarbeiter im gleichen Schwerpunktgebiet: einer studiert die Ammoniten des Lias (Unterer Jura), der andere diejenigen der Kreidezeit.

Die Ammoniten sind in den Jura- und in den älteren Kreideschichten unseres Juragebirges diejenigen Versteinerungen, welche die feinste zeitliche Aufgliederung der Schichtfolgen erlauben. Dazu ist es aber notwendig, die genaue Fundschicht zu kennen. Darüber geben die Etiketten vor allem der Stücke aus den Sammlungen des 19. Jahrhunderts meistens nur ungenügend Auskunft. Wenn man also mit Material aus exakt bekannten Schichten arbeiten will, muss man sich dieses im Gelände neu beschaffen. Zu diesem Zweck werden oft Grabungen durchgeführt. Nach Möglichkeit sollten von jeder Art viele Stücke aufgesammelt werden, denn während früher die Arten durch ein einziges oder wenige Exemplare charakterisiert wurden, versucht man heute, fossile Populationen in ihrer ganzen Variationsbreite zu erfassen und innerhalb der Arten ökologische sowie geographische Rassen zu erkennen.

Biostratigraphie des Tertiärs

An unserer Abteilung wird an zwei Gruppen von Versteinerungen der Tertiärzeit gearbeitet: den Meeres-Mollusken und den Foraminiferen. Einer der gegenwärtigen geographischen Schwerpunkte für beide Gruppen ist die karibische Faunenprovinz. Dieser Umstand ermöglicht die Durchführung gemeinsamer Projekte: Ein und dieselbe Abfolge von Schichten wird von verschiedenen Gesichtspunkten aus untersucht. Als Folge davon entsteht ein umfassendes Gesamtbild eines bestimmten Problems.

Mollusken: In den Anfängen der Paläontologie wurden die Mollusken dazu benützt, das Tertiär zeitlich zu gliedern. Davon zeugen die grossen Sammlungen vieler Museen, die vornehmlich im letzten Jahrhundert zusammengetragen wurden. Seither hat sich aber herausgestellt, dass andere Gruppen von Versteinerungen (z.B. die Foraminiferen) eine feinere zeitliche Unterteilung gestatten. Trotzdem bleiben aber die Mollusken weiterhin Gegenstand von wissenschaftlichem Interesse, da sie erlauben, die Umweltbedingungen (Wassertiefe, Temperatur, Salzgehalt des Meerwassers) recht gut zu rekonstruieren.

Weitaus die meisten marinen Mollusken leben auf dem Meeresboden. Es gibt aber gewisse Meeresschnecken, deren Larven planktonisch, auf offener See schwebend, leben. Die Lebenszeit dieser Larven ist allerdings sehr kurz (einige Wochen bis einige Monate). Nach dieser Zeit setzen sie sich auf den Meeresboden, wo sie weiterwachsen und ein erwachsenes Gehäuse bilden. Das Larvenstadium dauert aber genügend lang, um die Larven durch Meeresströmungen oft über weite Distanzen zu verschleppen. Auf diese Weise kann sich das Verbreitungsgebiet einer bestimmten Art vergrössern oder verschieben.

Die Larven dieser Schnecken sind sehr klein, und die Skulptur ihrer Oberfläche unterscheidet sich grundsätzlich von der des erwachsenen Gehäuses. Um diese Feinheiten zu erkennen und darzustellen, arbeitet man mit dem Rasterelektronenmikroskop der Universität, welches plastische Abbildungen von schwacher bis sehr starker Vergrösserung erlaubt.

Foraminiferen: Foraminiferen sind einzellige Lebewesen, die entsprechend ihrer Lebensweise in zwei grosse Gruppen geteilt werden: Die benthonischen Foraminiferen leben auf dem Meeresboden, während die planktonischen auf offener See schweben. Da die Arten der planktonischen Foraminiferen wie auch der benthonischen Grossforaminiferen relativ kurzlebig sind, eignen

60–63
Die meisten Versteinerungen müssen zuerst vom Sediment, das ihnen anhaftet oder in dem sie eingebettet sind, befreit werden. Wo das nicht möglich ist, macht sie der Präparator im Gestein selber sichtbar. Er sägt mit der Diamanttrennscheibe den auf einen gläsernen Objektträger aufgekitteten Steinsplitter zurecht (60), so dass er ihn auf einer Präzisionsmaschine mit feinem Karborundumpulver bis zur Durchsichtigkeit herunterschleifen kann (61). Das übrigbleibende hauchdünne Gesteinsscheibchen mit den Querschnitten durch Mineralien und Fossilien wird nun mikroskopisch untersucht. Kleinfossilien aus unverfestigten Sedimenten gewinnt man durch Schlämmen und Sieben (62). Den Paläontologen obliegt das Sortieren und Bestimmen der oft reichhaltigen Mikrofauna einer Probe unter der Binokularlupe (63).

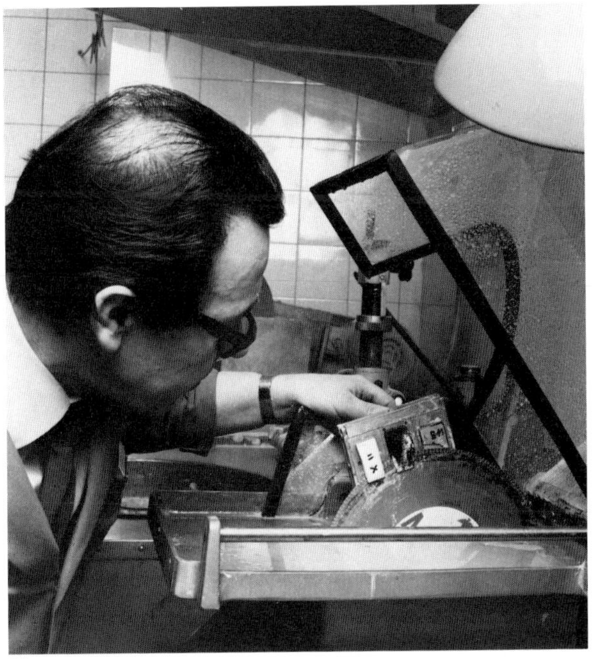

60

61

62

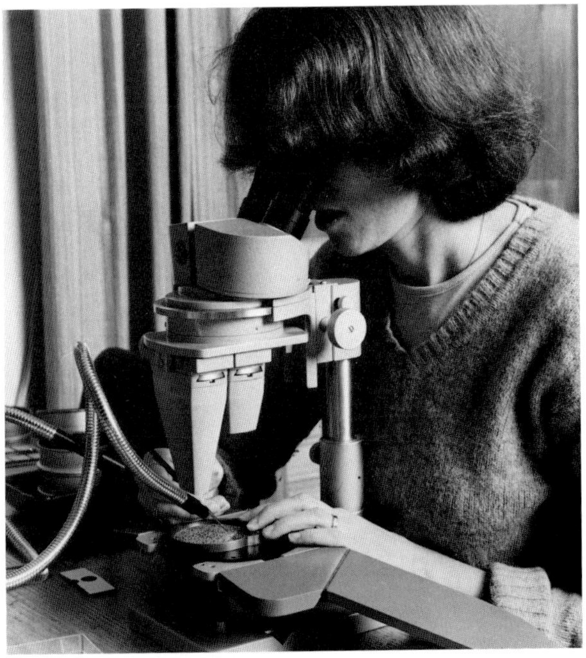

63

64–70
Das Studium der Lagerungsverhältnisse von Schichten in der Natur und die Beschaffung von Gesteinsproben und Fossilien sind für den Paläontologen einerseits unerlässlicher Bestandteil seiner Forschungsaufgabe und anderseits willkommene Abwechslung von der Arbeit im Labor und hinter Büchern. Solche Feldarbeit kann im Besuch einer nahegelegenen Baustelle bestehen, aber auch die Ausmasse einer abenteuerlichen Expedition in unbesiedelte Gegenden ferner Länder annehmen. Während Forschungsprogramme im schweizerischen Jura und in den angrenzenden Regionen von Frankreich und Süddeutschland für das Basler Museum naheliegend sind, so braucht es den Hinweis auf historisch gewachsene, Jahrzehnte zurückreichende Beziehungen zur Geologie der Karibik und Südamerikas, um die immer wiederkehrenden Museumsexpeditionen in jene Gegenden zu verstehen (vgl. Kärtchen Abb. 75).

64

65

66

67

Aus den Erinnerungsalben unserer Paläontologen im Feld
64, 66, 69: Profilaufnahme in unbequemer Lage und Aufsammeln von Fossilien in Grabungen im schweizerischen Jura.
65, 67: In der Dominikanischen Republik (Inselstaat im Karibischen Meer) bieten tief eingeschnittene Flüsse besten Einblick in mächtige, fossilreiche Profile.
68: Expeditionsteilnehmer erklimmen eine einsame, winzige, aber geologisch interessante Felsinsel in der karibischen See zwischen Trinidad und Venezuela.
70: Ein Arbeitstag im Feld geht erst zu Ende, wenn die Ausbeute gut genug verpackt ist, um den Heimtransport unbeschadet zu überstehen (Tertiärschnecken und -muscheln, Dominikanische Republik).

68

69

70

75 >
Ein Forschungsschwerpunkt der geologischen Abteilung liegt im karibischen Gebiet (vgl. Abb. 65, 67, 68, 70). Punktiert: Landaufschlüsse (Inselbogen und Südamerika); gewellt: Bohrproben des Bohrschiffes ‹Glomar Challenger› aus dem Meeresboden.

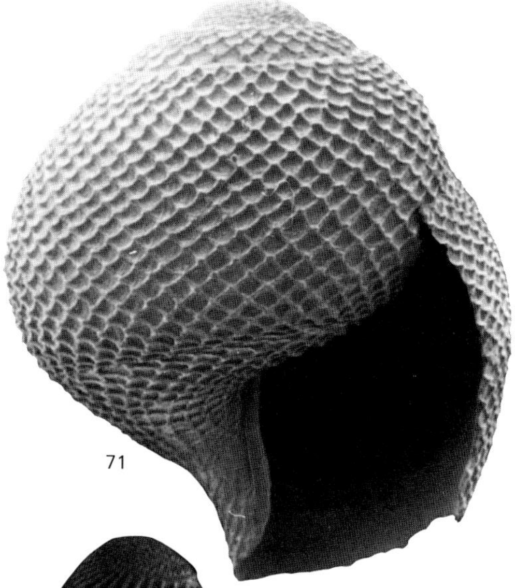
71

72

73

74

71–74
Die Bilder, die das Raster-Elektronenmikroskop auf einem Bildschirm liefert, zeichnen sich – bei beliebigen Vergrösserungen – durch eine hohe Schärfentiefe aus. So erscheinen zum Beispiel mikroskopisch kleine Versteinerungen immer noch körperlich als Gehäuse und zeigen dennoch alle Einzelheiten ihrer Schale völlig scharf.
71, 72: Anfangswindungen (Jugendstadium) von Meeresschnecken.
71: rechtsdrehend,
72: linksdrehend.
Vergrösserung 120fach.
73, 74: Gehäuse von einzelligen Meerestieren (Foraminiferen).
73: auf dem Boden lebende Form.
74: frei im Wasser schwebende Form.
Vergrösserung 73: 70fach,
74: 170fach.

sie sich vortrefflich für die zeitliche Feingliederung, z. B. des Tertiärs. Sie übernehmen also die Rolle, welche die Ammoniten während des Mesozoikums spielen. Wie bei den Ammoniten ist es deshalb auch bei den Foraminiferen unbedingt erforderlich, dass genau horizontierte Proben genommen werden. Dies ergibt eine gute zeitliche Gliederung.
Die planktonische Lebensweise gewisser Foraminiferen bringt es ausserdem mit sich, dass ihre Arten über grosse geographische Gebiete verbreitet sind. Das heisst, dass die gleiche Art in zwei weit voneinander entfernten Aufschlüssen die Gleichaltrigkeit der Gesteine anzeigt. Dieser Umstand ermöglicht es, Schichten weit auseinanderliegender Gebiete miteinander zu korrelieren: Die Gleichzeitigkeit der Entstehung gewisser Schichten in verschiedenen Kontinenten kann belegt werden. In der Erdölindustrie haben die planktonischen Foraminiferen grosse praktische Bedeutung erreicht. Mit ihrer Hilfe werden die Gesteinsproben aus den Erdölbohrungen datiert und erlauben somit die Entscheidung, ob das kostspielige Bohren weitergetrieben werden soll oder nicht.
Unser Museum besitzt ausserdem die derzeit bedeutendsten Sammlungen der wichtigsten Grossforaminiferen des Alttertiärs, welche eine präzise Altersbestimmung (Biozonierung) der Meeresablagerungen des Alttertiärs (‹Nummulitikum›) ermöglichen: Alveolinen und Nummuliten, an welchen seit Jahrzehnten an der Universität und am Museum Grundlagenforschung betrieben wird.

Basel – Zentrum für paläontologisches Material aus den Ozeanen

Während der letzten 12 Jahre war das Tiefsee-Bohrschiff ‹Glomar Challenger› damit beschäftigt, Bohrungen unter den Becken der Weltmeere abzuteufen. Dieses gigantische Projekt wird finanziert durch die Vereinigten Staaten von Amerika und einige andere Länder. Es hat unsere

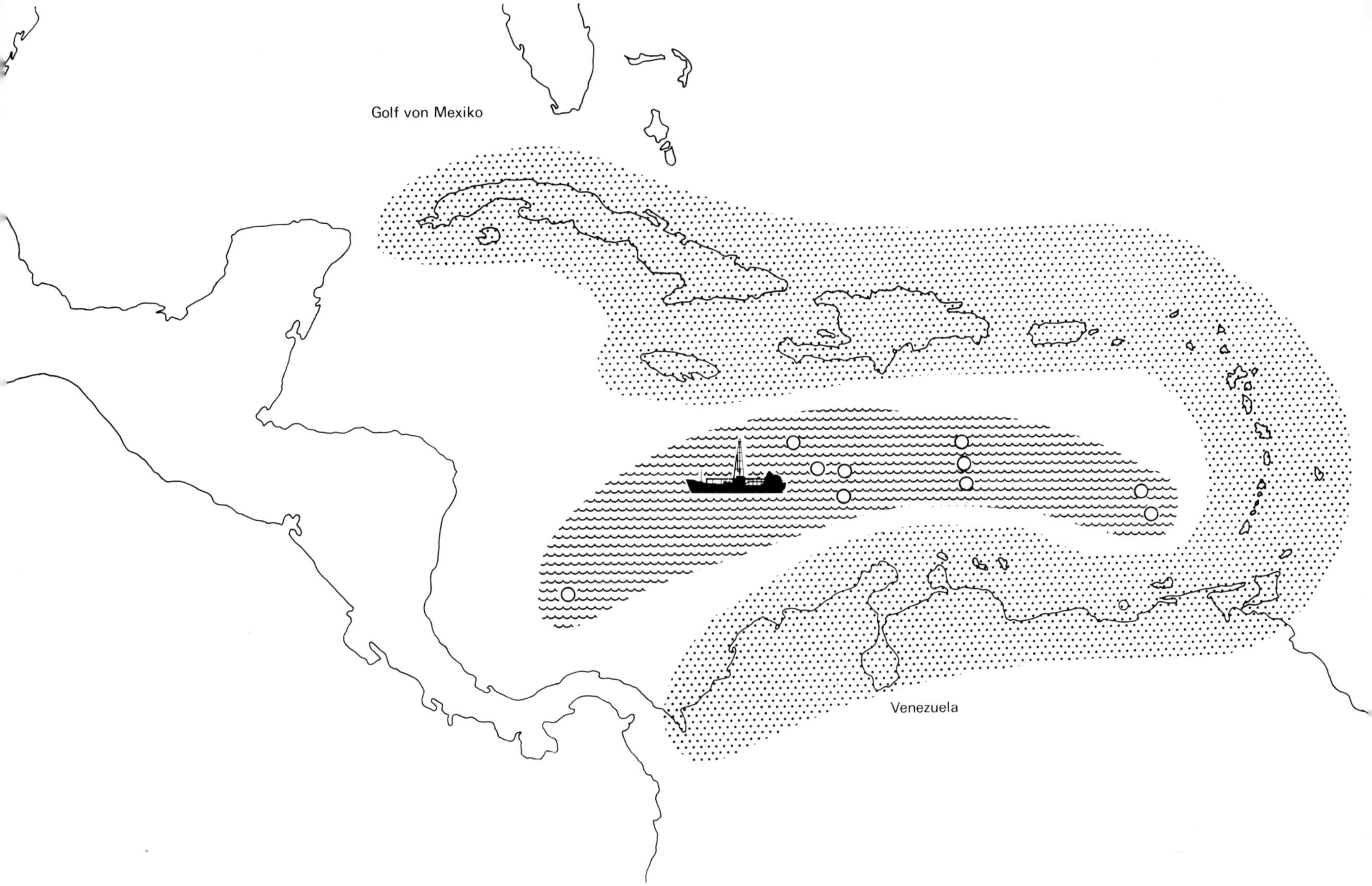

Kenntnis über die geologische Entwicklung der Erde mehr gefördert als irgendein anderes wissenschaftliches Unternehmen dieses Jahrhunderts.
Damit das Projekt voll ausgewertet werden kann, muss wichtiges Material aus den vielen tausend erbohrten Bohrkernen den Paläontologen aus aller Welt zugänglich gemacht werden. Aus diesem Grund wurde beschlossen, dass ausserhalb der USA fünf weitere Sammlungszentren eingerichtet werden sollen. Das Naturhistorische Museum Basel wurde als erstes dieser Zentren ausgewählt. Die Gründe für diese Wahl waren die günstige geographische Lage, die weit herum bekannte vorzügliche Pflege paläontologischer Sammlungen sowie die modernen und sicheren Aufbewahrungsmöglichkeiten.
Wenn dieses Zentrum fertig ausgebaut sein wird, werden die Sammlungen 4000 bis 5000 Proben umfassen. Die Proben enthalten jene wichtigen Fossilgruppen – Foraminiferen, Radiolarien und kalkiges Nannoplankton –, die benützt wurden, um die von der ‹Glomar Challenger› erbohrten Ablagerungen zu datieren.
Auch wenn die ‹Glomar Challenger› einmal nicht mehr bohren wird, werden die Sammlungen ihren hohen wissenschaftlichen Wert beibehalten und viele europäische Paläontologen nach Basel lokken.

Osteologie

Was ist ‹Osteologie›?

Der Basler Zoologe Ludwig Rütimeyer betreute in der alten Universität am Rheinsprung eine vergleichend-anatomische Sammlung, die zum grössten Teil aus Knochen von Menschen und Wirbeltieren bestand. Das sind osteologische Objekte, denn Osteologie heisst Knochenkunde. An der alten Universität wurden auch zahlreiche Überreste von ‹prähistorischen› Tieren aufbewahrt, vorwiegend fossile Reste aus Pfahlbauten und Höhlen, aber auch aus eiszeitlichen und jungtertiären Ablagerungen. Was sonst an fossilen (versteinerten) Wirbeltierresten vorhanden war, lag schon im Naturhistorischen Museum.

Von der alten Universität ins Museum

Bei seinem Rücktritt (1893) schlug L. Rütimeyer vor, diese umfangreiche Sammlung mit der paläontologischen Wirbeltiersammlung des Museums zu vereinigen, weil — wie er schreibt — ‹Knochen und Zähne die einzigen der Fossilisierung fähigen Teile unserer Wirbeltierwelt und also das einzige direkte Material zur Aufhellung ihrer Beziehungen zu ihren ausgestorbenen Vorläufern bilden›. Aber erst der Basler Zoologe und Paläontologe H.G. Stehlin hat diese Überführung der Sammlung ins Museum realisieren können.

Unsere ‹Knochensammlung›

Unter H.G. Stehlins Leitung sind die Sammlungen nach drei Richtungen weiter ausgebaut worden: Einmal durch jährliche Sammelreisen nach Frankreich, Süddeutschland und Italien, dann durch Ankäufe auswärtiger Sammlungsbestände, damit ein möglichst umfangreiches Vergleichsmaterial für die Erforschung fossiler Faunen aus den schweizerischen Ablagerungen der Tertiärzeit beschafft werden konnte. Weiterhin wurden viele Fossildokumente zusammengetragen, die für die Erforschung der Herkunft und der Geschichte unserer eiszeitlichen Tierwelt nötig waren. Zum dritten galt die Sammeltätigkeit der Beschaffung von Objekten, die der Ergänzung einer ständigen Ausstellung dienen sollten. Es war eine Übersicht über die Tierwelt Europas während der Tertiärzeit und der Eiszeit geplant.

Ob denn des Sammelns nicht einmal ein Ende sein dürfe, hat schon 1880 L. Rütimeyer in einem

< 76
Pachypleurosaurus edwardsii (Cornalia) aus den ladinischen Meridekalken des Monte San Giorgio, Tessin. Schwimmendes Reptil aus der Ordnung der Sauropterygier, bei welchem die Umwandlung der Vorderextremitäten in ein Ruderpaddel durch Verlängerung des Oberarmes erreicht wird.

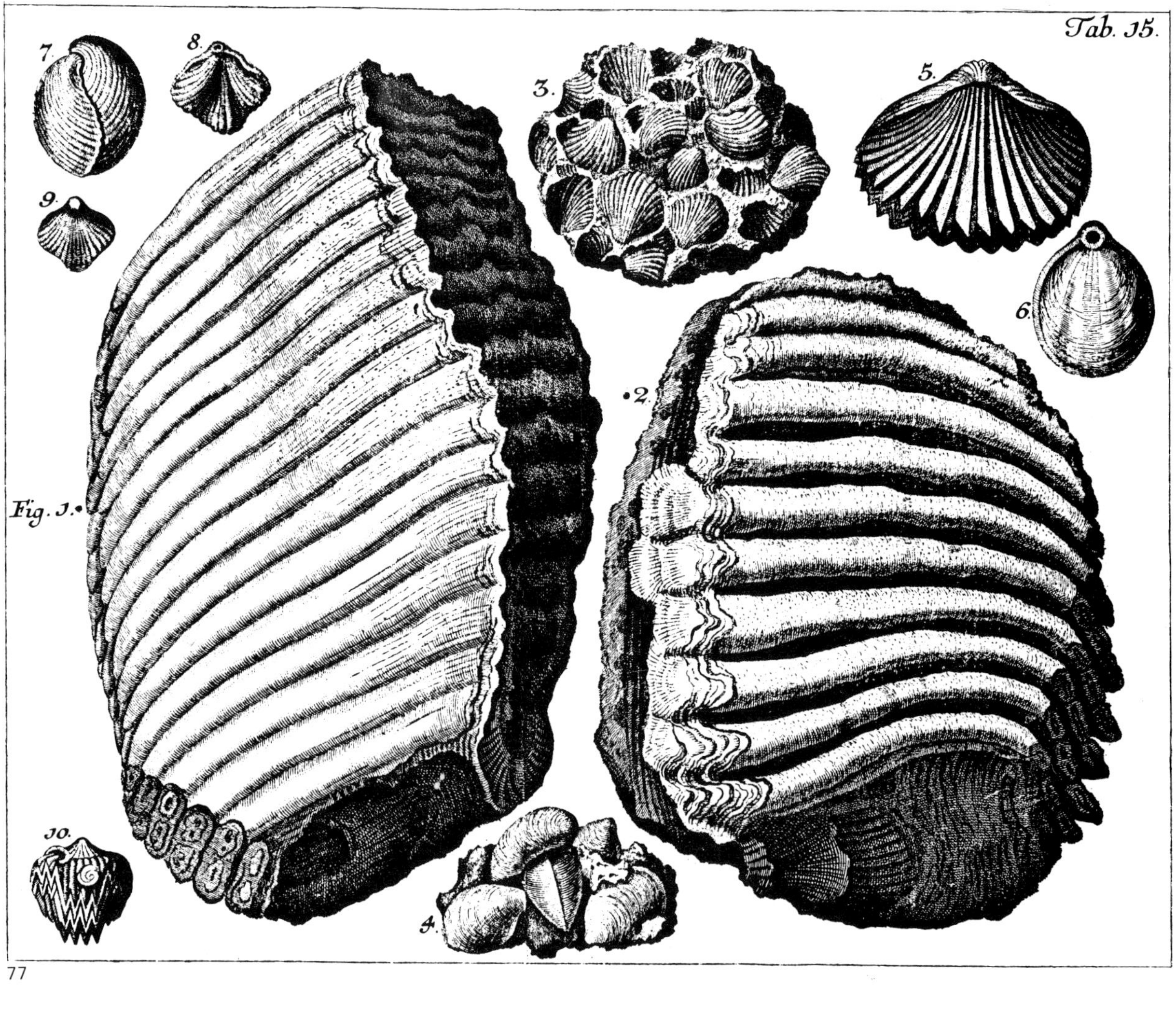

77

77
Daniel Bruckner: Versuch einer Beschreibung historischer und natürlicher Merkwürdigkeiten der Landschaft Basel (1756): Tafel 15. Die Figuren 1 und 2 stellen fossile Mammutzähne dar. Der linke Zahn ist zwischen Bubendorf und Zyffen (Ziefen), der rechte Zahn bei Höllstein (Hölstein) gefunden worden.

78 >
Rechter unterer dritter Backenzahn eines Mammuts (Elephas primigenius Blumenbach), Original zu Figur 2 in Abb. 77. Der Zahn, von dem Daniel Bruckner schreibt: ‹so schon lange Zeit allhier aufbehalten worden›, gelangte Anfang des 18. Jahrhunderts in die Sammlung des Basler Naturhistorischen Museums.

78

seiner Berichte gefragt, wobei er an die ständige Sorge aller Museen, die Raumnot, dachte. Aber nicht nur die Beschaffung von neuem Material für Forschungen lässt eine Sammlung anwachsen. Ein Museum hat auch die Aufgabe, Belegsammlungen zu wissenschaftlichen Publikationen zu betreuen und zu verwalten, so dass sie späteren Forschungen erhalten und zugänglich bleiben.
Unsere Sammlung gliedert sich in zwei grosse Gruppen: 1. Die Sammlung fossiler, also ausgestorbener Wirbeltiere (über eine Million Objekte); hier liegt der Schwerpunkt mengen- und bedeutungsmässig bei den fossilen Säugetieren. 2. Die Gruppe der Skelette und Schädel rezenter, also noch lebender Wirbeltiere (etwa 12000 Objekte); hier dominieren Säuger und Vögel. Unentbehrliche Hilfsmittel sind Kataloge, eine Fachbibliothek mit etwa 26000 Einzelpublikationen und Büchern, dazu ein Kataster der wichtigsten Säugetierfundstellen.

Fossile Großsäugetiere

Während vieler Jahrzehnte galt das Hauptinteresse der Erforschung der grossen Säugetiere und ihrer stammesgeschichtlichen Entwicklung während der letzten 70 Millionen Jahre, also während der Tertiärzeit und der Eiszeit. Im Laufe der Zeit sind in unserem Museum Publikationen über fast alle wichtigen Gruppen fossiler Säugetiere entstanden. Das soll an einem Beispiel umschrieben werden.
Das Beispiel Senèze: Im frühen Quartär, also vor etwas mehr als einer Million Jahren, lebte in der Umgebung eines Kratersees im Département Haute-Loire eine reichhaltige Säugetierfauna. Im Laufe längerer Zeit wurden dort zahlreiche Tierkadaver von den Bächen in den See eingeschwemmt, sie sanken zu Boden und wurden in Sanden eingebettet. Als sich später der See leerte, blieben die Skelette mit und in den Seeablagerungen erhalten und wurden zu Fossilien. Die ersten von ihnen kamen schon 1892 beim Weiler Senèze zum Vorschein: Reste ausgestorbener Elefanten. 1903 hat H.G. Stehlin, der damalige Leiter der Abteilung, zum ersten Mal diesen Fundort besucht und gleich verschiedene Antilopengehörne und Hirschknochen gefunden. Dabei lernte er den Bauern Pierre Philis kennen, der sich schon seit seiner Jugend für die ausgestorbenen Tiere von Senèze interessierte. Dank seinem unermüdlichen Eifer, aber auch der besonders günstigen Erhaltungsbedingungen wegen, kamen im Laufe von etwa vierzig Jahren nicht nur zahlreiche Knochen und Zähne, nein, sogar ganze Skelette von neun verschiedenen Arten von Großsäugetieren zum Vorschein und konnten geborgen werden. Diese bilden heute besonders wertvolle Objekte unserer Ausstellung. Von den dreissig in Senèze gefundenen Säugetierformen seien nur einige genannt: Elefant, Nashorn, Wildpferd, Rind, Hirsch, Antilope, Säbeltiger, Hyäne, Marderhund, Bär, Nagetiere, Kaninchen und Affen. Eine derart reiche, leider aber auch seltene Dokumentation vermittelt nicht nur zahlreiche Einzelkenntnisse über die Gestaltmerkmale der untersuchten Arten, sie gibt uns auch die Möglichkeit, ein Bild dieser recht fremdartigen Fauna zu gewinnen. Etwa gleich alte Funde von Marderhund und Säbeltiger nicht nur im benachbarten Spanien, sondern sogar in China zeigen uns, dass diese Tierwelt einmal den ganzen eurasischen Kontinent bevölkert hat. Allerdings braucht es noch zahlreiche weitere Funde von anderen Fundorten, um etwa die Ausbreitungswege der einzelnen Tierformen rekonstruieren zu können.

79/80
Während der Tertiär- und Quartärzeit waren die Nashörner in Europa mit zahlreichen, zum Teil auch hornlosen Formen weit verbreitet. Auch in der Schweiz wurden in tertiären und eiszeitlichen Ablagerungen fossile Zähne und Knochen von Nashörnern gefunden. Das fossile Rhinoceros etruscus aus dem Oberpliozän von Senèze (Dép. Haute-Loire, Frankreich) wurde aus zahlreichen Knochenbruchstücken zusammengesetzt, wobei fehlende Teile nachmodelliert werden mussten. Zum Vergleich zeigt Abb. 80 das montierte Skelett eines heutigen Spitzmaulnashornes (Diceros bicornis L.) aus Ostafrika. Die beiden Hörner, die als Oberhautbildungen nicht am Schädel angewachsen sind, wurden nicht montiert.

79

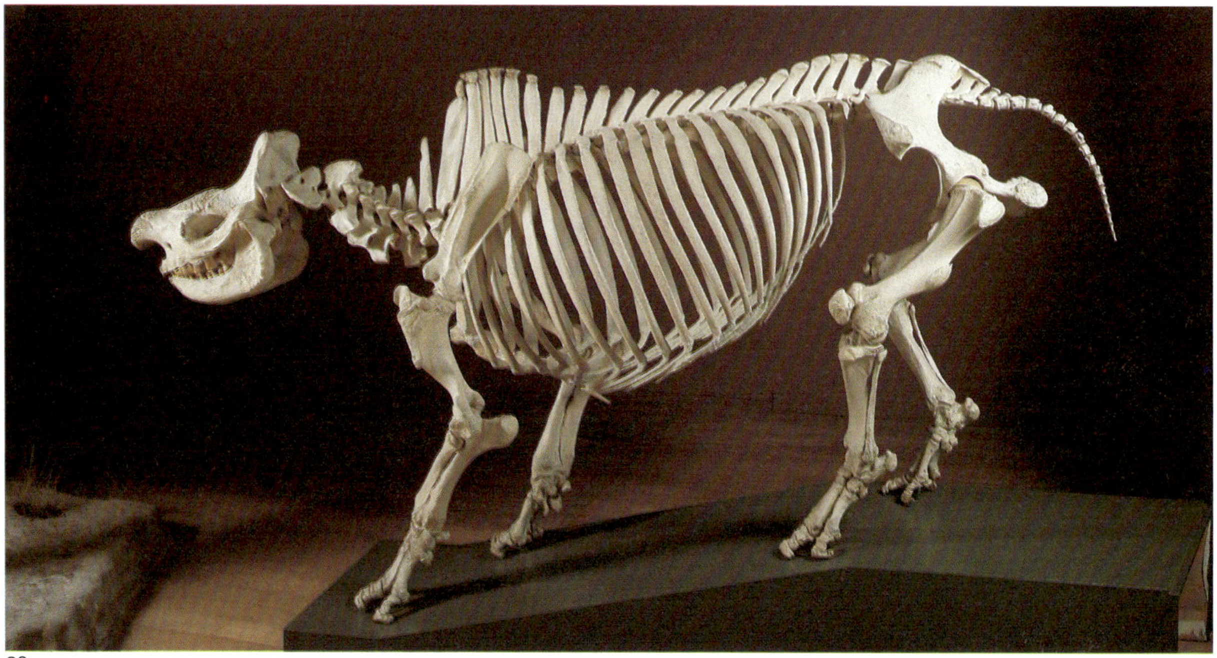
80

81
Lössblock von St-Vallier-sur Rhône (Dép. Drôme, Frankreich) mit dem gut erhaltenen Gesichtsschädel eines Bären und den Knochen sowie Geweihfragmenten von mindestens sechs verschiedenen ausgestorbenen Säugetierarten der Villafranchienstufe.

82
Dritter unterer linker Backenzahn von Mastodon turicensis Schinz aus dem Helvétien von Pont-Levoy-Thenay (Dép. Loir-et-Cher, Frankreich). Die ursprünglich aus Afrika stammenden Mastodonten sind die Vorfahren der heutigen Elefanten.

83
Wir blicken in eine Schachtel voll kleiner Nagetierzähnchen, die in mühsamer Arbeit mit dem Mikroskop aussortiert worden sind. Die Zähnchen, welche etwa 1 mm lang sind, gehörten kleinen Hamstern, die vor 16 Millionen Jahren in Südfrankreich lebten.

84
Mit diesen Zähnen hat vor etwa 4 Millionen Jahren eine Urmaus (Stephanomys donnezani) ihre täglichen Körner gefressen. Die Zähnchen wurden mit Säure aus einem Kalkstein gelöst und mit dem Mikroskop aus den Schlämmrückständen herausgesucht.

81

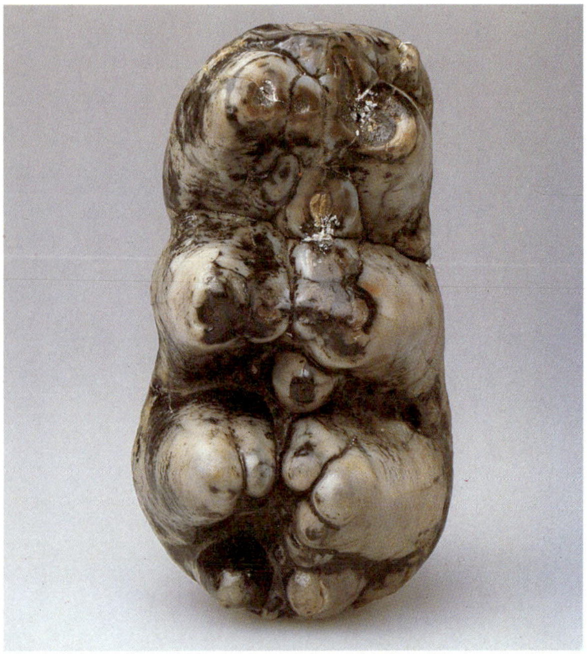
82

83

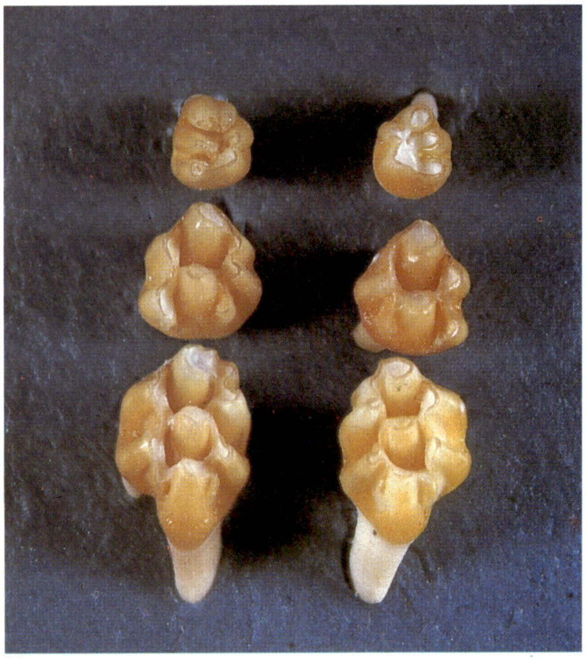
84

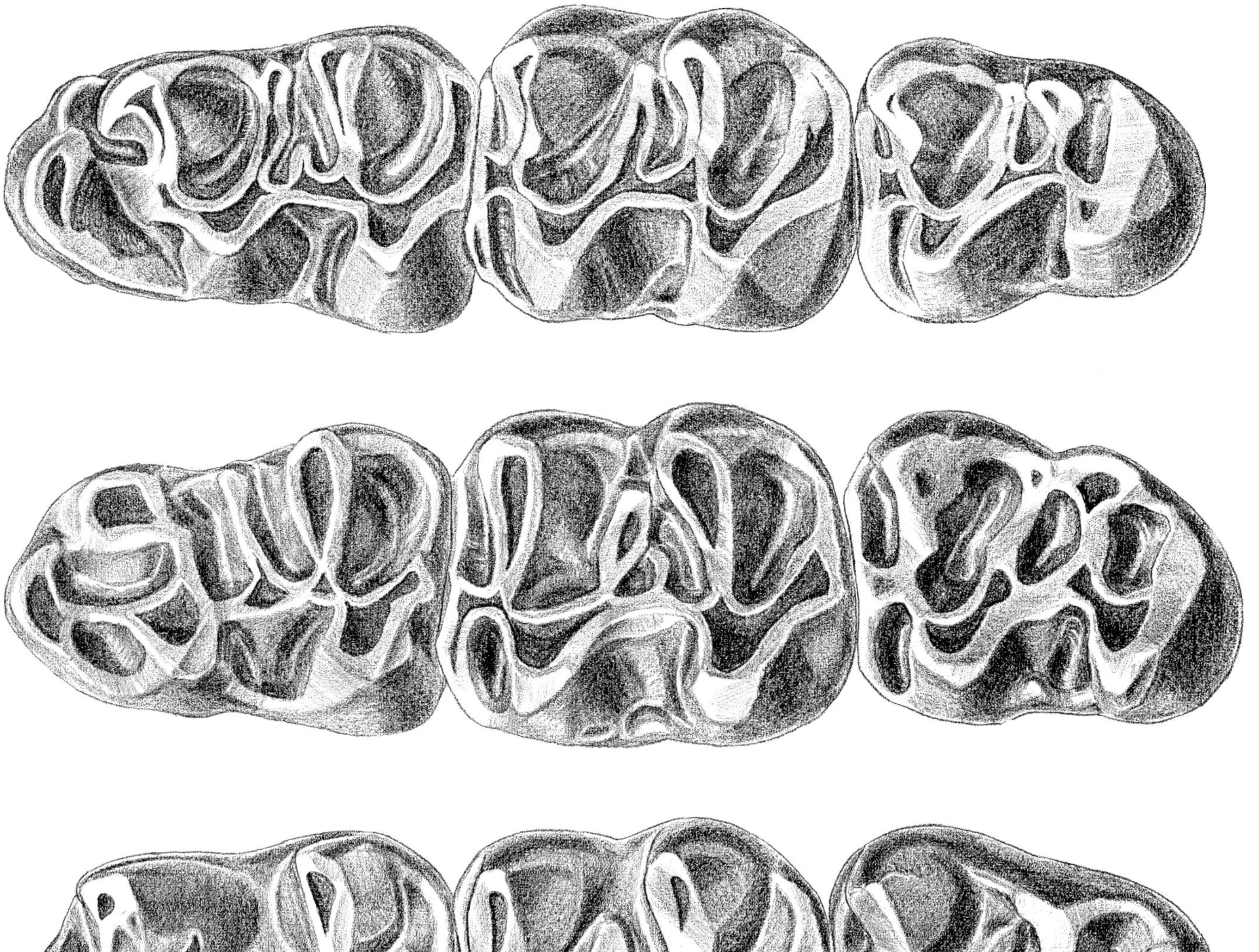

52

<85
Die Zähne von Säugern zeigen komplizierte Strukturen, die es erlauben, einzelne Arten zu unterscheiden. Wir sehen hier die Backenzähne des linken Unterkiefers von zwei Urhamstern aus Europa im Vergleich mit ähnlichen Zähnen aus Nordamerika.

86
Der Zwerghirsch Micromeryx mit einer Schulterhöhe von nur 40 cm lebte vor rund 14 Millionen Jahren in Süddeutschland, wo mehrere fast vollständige Skelette gefunden wurden. Anstatt eines Geweihes hatten die Männchen dolchartige obere Eckzähne.

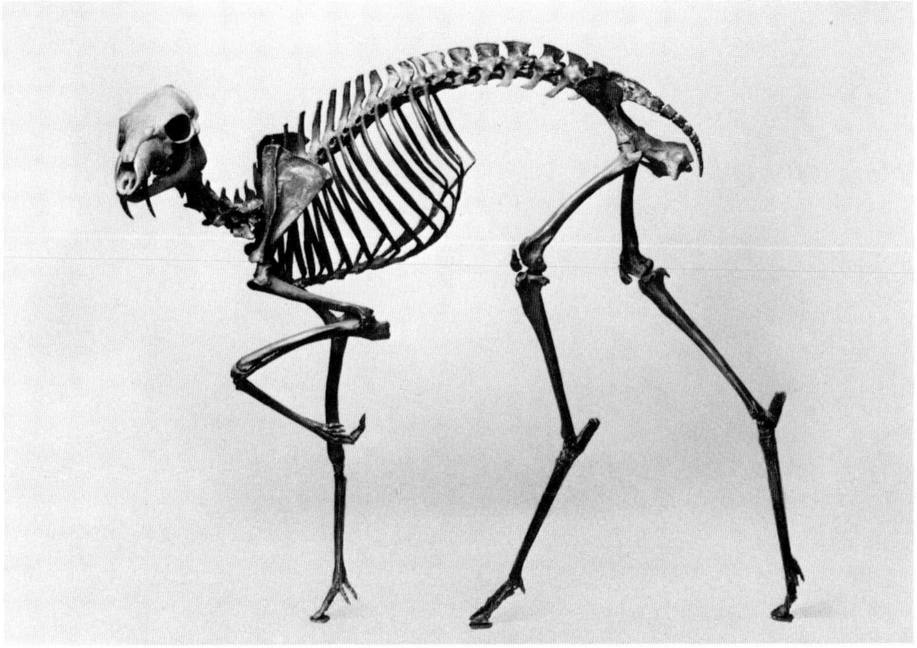

86

Fossile Kleinsäugetiere

Die osteologische Abteilung besitzt eine der weltgrössten und bedeutendsten Sammlungen von Resten fossiler Säugetiere. Der Schwerpunkt der Forschung liegt auf dem Gebiet der Kleinsäuger.

Was sind Kleinsäuger? Darunter verstehen wir, wie der Name schon andeutet, kleine Säugetiere wie etwa Nagetiere, Insektenfresser (Maulwürfe, Spitzmäuse, Igel), Fledermäuse und Hasen. Solche kleine Säugetiere hat es schon vor Millionen Jahren gegeben, auch in der Schweiz. Meist sind von diesen Tierchen ausschliesslich die Zähne erhalten geblieben, denn diese bestehen zum Teil aus Zahnschmelz, der widerstandsfähigsten Substanz im Körper eines Säugetieres. Die Zähnchen solcher Kleinsäuger sind natürlich winzig und deshalb oft der Aufmerksamkeit früherer Forscher entgangen. In jüngerer Zeit hat dieser Forschungszweig einen gewaltigen Aufschwung genommen, weil man Methoden entwickelt hat, um solche Zähnchen, die erst unter dem Mikroskop richtig sichtbar sind, zu gewinnen. Hierbei werden weiche Gesteine wie Tone und Mergel in sehr feinen Sieben im Wasser durchgesiebt. Anschliessend kann man den Rückstand aus den Sieben unter dem Mikroskop nach Zähnchen durchsuchen. Der Aussenstehende mag sich fragen, wofür man wohl diesen grossen Aufwand betreibt, solch kleine Zähnchen zu sammeln und zu studieren.

Die Zähne der Säugetiere, auch jene der Kleinsäuger, haben ganz charakteristische Strukturen und Formen, so dass in vielen Fällen ein einziger Zahn genügt, um ein Tier zu bestimmen. Durch den Vergleich mit Zähnen heute lebender Tiere und anderer fossiler Säugerreste kann man dann recht genau sagen, von was für einem ausgestorbenen Tier, das vor Jahrmillionen gelebt hat, ein einzelner Zahn stammt. So kommt man zur Rekonstruktion der Tierwelt vergangener Epochen. Wir können uns ein Bild der Tierwelt machen, welche in diesen vergangenen Epochen unsere Erde und speziell auch das Gebiet der heutigen Schweiz bevölkert hat.

Zähne fossiler Kleinsäuger haben aber noch eine weitere entscheidende Bedeutung. Mit ihnen wird eine Altersbestimmung von Gesteinsschichten möglich. Wir wissen heute ziemlich genau, welche Tierarten in einem bestimmten Zeitabschnitt der Vergangenheit gelebt haben. Finden wir nun umgekehrt in einer Gesteinsschicht bestimmte Säugetierzähne, so können wir sagen, in welchem Zeitabschnitt der Erdgeschichte die Tiere gelebt haben, und können somit das Alter der Schicht bestimmen, in welcher die Zähne gefunden wurden.

Die Wissenschaft der fossilen Kleinsäuger konnte nur dank moderner optischer Instrumente einen derartigen Aufschwung nehmen. Hier enthüllt sich dem Auge des Beschauers eine zauberhafte Welt von bizarren Formen und prächtigen Farben, wenn man den Bereich des von blossem Auge Sichtbaren unterschreitet. Die Zähnchen fossiler Kleinsäuger sind keineswegs weiss wie die Kauwerkzeuge lebender Säugetiere. Durch die Lagerung im Gestein während Jahrmillionen ist die Farbe der Zähne durch physikalische und chemische Vorgänge häufig verändert. Gewisse Substanzen werden abgebaut, an anderer Stelle werden bestimmte Mineralien eingelagert. So bekommen fossile Zähne oft das Aussehen von Edelsteinen.

Da jede Tierart auf eine ganz bestimmte Nahrung spezialisiert ist und deshalb kaum zwei Arten gleiche Zähne besitzen, ist auch der Formenreichtum der Kleinsäugerzähne schier unerschöpflich. Nach der Form des Gebisses ist es meist sofort

87
Oberkieferfragment mit sechs Backenzähnen von Chalicotherium grande (Blainville) aus dem Jungtertiär von Neudorf an der March, Tschechoslowakei. Die charakteristischen Strukturen der Zahnkronen ermöglichen es dem Paläontologen, nicht nur ganze Zahnreihen, sondern auch Einzelzähne einer bestimmten ausgestorbenen Tiergattung oder sogar Tierart zuzuordnen.

88/89
Zähnchen von Kleinsäugern werden gewonnen, indem man weiche Gesteine in feinen Sieben im Wasser durchsiebt. Oft müssen viele Zentner Mergel oder Tone geschlämmt werden, um einige Zähne zu gewinnen. Ist die Menge der Kleinsäugerfunde oft eine Frage des Aufwandes, so ist man bei der Suche nach fossilen Großsäugern meist vom Glück abhängig, wie hier an der Fundstelle Pikermi bei Athen, wo grosse Lager von Knochen ausgestorbener Pferde, Antilopen, Nashörner und anderer Großsäuger zum Vorschein kamen.

90 >
Auf Grund einer sorgfältigen Skelettrekonstruktion von Chalicotherium grande (Blainville) konnte eine plastische Rekonstruktion von zwei Tieren in Lebensgrösse versucht werden. Diese Tiere, die im Jungtertiär auch in der Schweiz gelebt haben, gehören zu einer ausgestorbenen Familie der Unpaarzeher.

87

88

89

90

möglich zu sagen, ob so ein Tierchen Insekten gefressen hat oder Samen, ob Früchte oder Gräser, ob es ein Raubtier war oder ein ‹Nussknacker›. So finden wir denn etwa Zähne mit scharfen Spitzen bei Tieren, die Insekten erbeutet haben, aber flache, raspelartige Zähne mit feinen Rillen bei Körnerfressern. Hohe prismatische Zähne verweisen auf Tiere, die harte Nahrung bevorzugten, dagegen gerundete, hügelige Zähne auf Allesfresser. Obwohl (oder vielleicht gerade weil) diese Zähne von der Natur als rein funktionelle Fresswerkzeuge konzipiert wurden, sind ihre mannigfaltigen Formen von grossem ästhetischem Reiz.

Das Museum als Dokumentationszentrum und Forschungsstätte

Manchmal schenken Sammler dem Museum schöne Objekte. Später sind die Donatoren oft enttäuscht, wenn sie unsere Ausstellungen besuchen und ihre Geschenke nicht ausgestellt finden. Vielen Leuten ist nicht klar, dass ein naturhistorisches Museum neben der Aufgabe, schöne Ausstellungen aufzubauen, noch andere wichtige Funktionen hat: Ein Museum ist in erster Linie auch ein Dokumentationszentrum, ein Archiv. Diese Funktion bringt es mit sich, dass grosse Sammlungen naturgeschichtlicher Objekte angelegt werden, welche kaum je in einer Ausstellung gezeigt werden können, weil sie zu wenig Schauwert haben oder einfach, weil sie zu klein sind. Häufig sind diese jedoch von hohem wissenschaftlichem Wert. Durch seine Sammlungen wird ein Museum, zusammen mit seiner Literatursammlung, zu einer idealen Stätte der wissenschaftlichen Forschung.

Von der Bedeutung von Feldarbeit und Grabungen

Kauf und Schenkung bringen eine Kunstsammlung zuwege, und kunsthistorische Kriterien vermögen die Bilder und Plastiken nach Stil, Zeitstel-

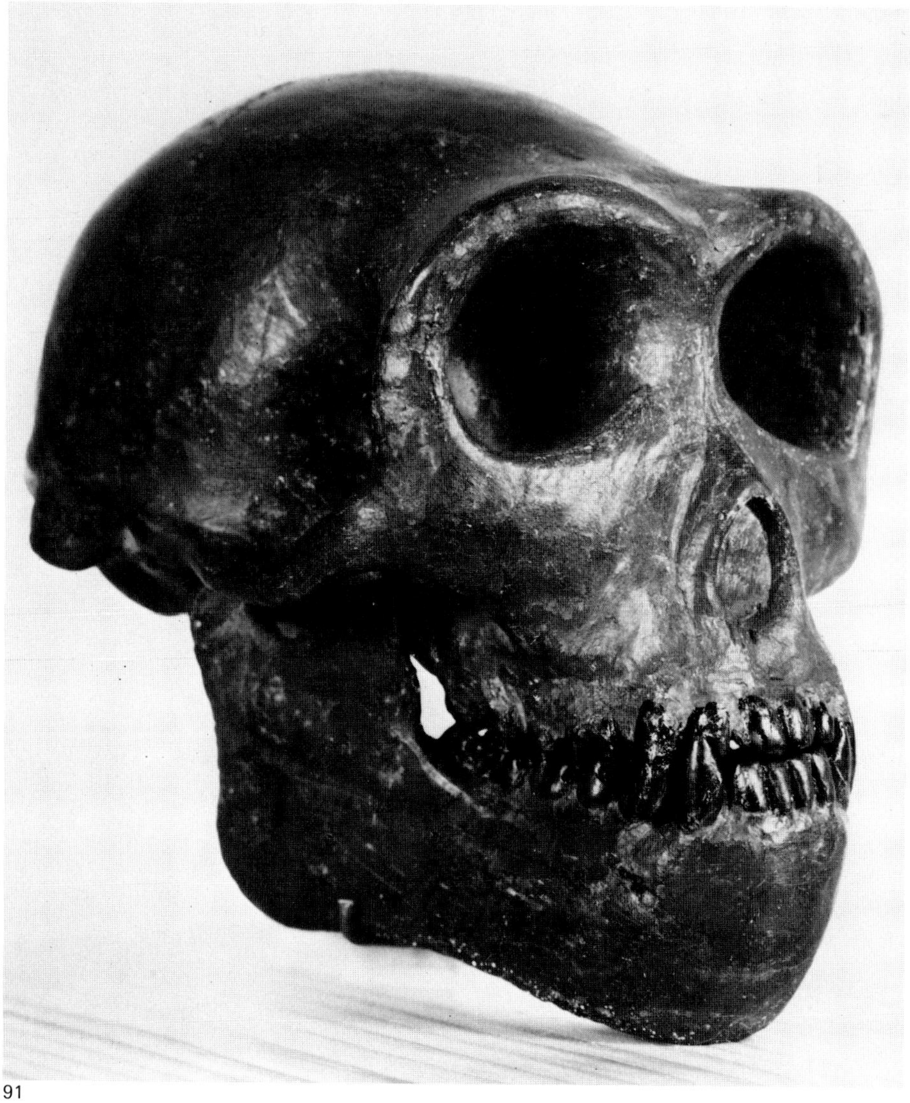

91

91
Der Schädel von Oreopithecus bambolii zeigt zahlreiche Merkmale, die für die fossilen Vertreter derjenigen stammesgeschichtlichen Entwicklungslinie typisch sind, die in menschlicher Richtung differenziert ist: das Gesicht ist sehr kurz, d.h. ohne Affenschnauze, die Schneidezähne sind steil und nicht schräg nach vorne gerichtet, das knöcherne Nasendach ist abstehend.

92 >
Ein fast vollständiges Skelett von Oreopithecus bambolii ist am 2. August 1958 im Braunkohlenbergwerk von Baccinello, Toskana, entdeckt und dank den Bemühungen von J. Hürzeler geborgen worden. Auf dem im Basler Museum präparierten Skelett erkennt man Schädel, Extremitäten, Schulterblatt, Becken und Wirbel.

lung, ja Künstler einzuordnen. Auch ein naturkundliches Museum erhält Geschenke und kauft geeignete Objekte an. Diese sind aber vom Gesichtspunkt des Wissenschafters aus wertlos, wenn nicht zusätzliche Informationen über das Objekt vorliegen. Bei Fossilien reichen Angaben über den Fundort und die Fundschicht zur Abklärung vieler Fragen oft nicht aus. Man braucht Angaben über die Begleitfauna, die Begleitflora, die genaue Lage im Gestein, die Beschaffenheit der Fundschichten, den Fundhorizont, kurzum, ein Museumswissenschafter muss selber im Feld sammeln, Fossilien in eigenen, gezielt angesetzten Grabungen gewinnen.
Beim Forschungsschwerpunkt ‹Kleinsäuger› ist es vornehmlich Ziel solcher Feldarbeit, die Kleinfossilien zu gewinnen. Dabei konzentrieren sich unsere Anstrengungen derzeit auf das Gebiet der Schweiz und auf die Toscana. Im Rahmen eines Projektes des Schweizerischen Nationalfonds wird an der osteologischen Abteilung an einer Biozonierung der Schweizer Molasse mit Hilfe von fossilen Säugetieren gearbeitet. Hierbei geht es darum, herauszufinden, welche Arten fossiler Säugetiere für welche geologischen Schichten typisch sind. Solche Kenntnis ist von grossem Nutzen, um das Alter gewisser Gesteinsschichten zu bestimmen.
Die Suche nach fossilen Kleinsäugerresten ist recht mühselig, da die kleinen Objekte von blossem Auge kaum sichtbar sind. Man muss von erfolgversprechenden Gesteinen daher Proben nehmen, diese aussieben und die Rückstände unter dem Mikroskop durchsehen. Dies verlangt oft mehrmalige Besuche an den einzelnen Fundstellen.

Der Oreopithecus

Seit vielen Jahren ist unsere Abteilung in Baccinello in der Toscana tätig. Dort hat Johannes Hürzeler, der frühere Abteilungsleiter, ein fast vollständiges Skelett von Oreopithecus bambolii, einem affenartigen Wesen, das oft mit der menschlichen Stammesgeschichte in Zusammenhang gebracht wurde, gefunden. Dieser Fund erregte weltweites Aufsehen. Er wurde in einer Braunkohlenmine gemacht, welche bald danach geschlossen wurde. Diese Braunkohlenlager sind heute der Wissenschaft nicht mehr zugänglich. Hingegen treten darüber liegende, etwas jüngere Gesteinsschichten an die Oberfläche, und in ihnen werden nun die Fossilien gesucht. Das Ziel dieser Feldarbeit in Baccinello ist es, herauszufinden, mit welchen anderen Tieren Oreopithecus gelebt hat, in was für einer Landschaft und in welchem Klima diese Faunen gelebt haben, was die einzelnen Tiere gefressen haben usw. Eine

sehr wichtige Frage, die dabei abzuklären ist, betrifft das genaue Alter dieser Faunen, welches immer noch umstritten ist. Während man früher der Meinung war, Oreopithecus und Antilopen, Wildschweine, Otter, Pfeifhasen, Siebenschläfer und Urmäuse hätten vor 14 Millionen Jahren in der Toscana gelebt, haben gerade die Untersuchungen an Kleinsäugern ergeben, dass das Alter dieser Faunen wahrscheinlich ‹nur› 8 Millionen Jahre beträgt. Ein Resultat der jüngeren Forschungen ist auch die Vorstellung, dass das Gebiet von Baccinello früher eine Insel war, weil nämlich alle diese Tiere bisher von keinem anderen Fundort bekannt sind. Sie haben also eine lange Entwicklung in Isolation durchgemacht, wie dies fast nur auf einer Insel möglich ist.

Die Ausstellung

Im westlichen Treppenhaus des Naturhistorischen Museums erblickt der Besucher den ‹Höhlenbären›. Gewiss, der Bär ist für jeden Zoobesucher eine bekannte Tierform, aber dennoch wollten wir eine Rekonstruktion des Höhlenbären, der nach dem Mammut wohl populärsten ‹prähistorischen› Tierform, versuchen. Fossile Reste der Höhlenbären sind in zahlreichen Höhlen von Westfrankreich bis Russland in grosser Menge gefunden worden, zwar keine vollständigen Skelette, aber Schädel und Einzelknochen aller Altersstufen, so dass man sich über die Körperproportionen des Tieres ein recht genaues Bild machen kann. Da wir natürlich nicht wissen, wie sein Fell ausgesehen hat, haben wir unsere Rekonstruktion so in die naturgetreue Nachbildung einer Jurahöhle gestellt, dass sie für den Besucher als Silhouette wirkt.

Die grosse osteologische Ausstellung im Obergeschoss ist derzeit in völligem Umbau begriffen, aber immer werden Ausschnitte daraus zu sehen sein. Im zugänglichen Teil ist das monumentalste Objekt der Ausstellung fossiler Säugetiere zu sehen, der Schädel des sogenannten Südelefanten von Senèze. Bei seiner Bergung 1913 zerfiel das Objekt in zahlreiche Stücke, die 33 Jahre lang im Museum aufbewahrt wurden, bis sie unter der Leitung von S. Schaub von unseren damaligen Präparatoren K. Rothpletz und A. Schenker in monatelanger Arbeit wieder zum Schädel zusammengesetzt werden konnten, wobei zahlreiche fehlende Stücke nachmodelliert werden mussten. So ist ein einzigartiges Schaustück entstanden.

In unmittelbarer Nähe des Südelefantenschädels findet man eine rekonstruierte Gruppe von Zwergelefanten, etwa von der Grösse eines Shetland-Ponys. Schon 1865 wurden fossile Reste auf Malta entdeckt, weitere Reste auf Sizilien, so dass

93
Zahlreiche fossile Schädel und Einzelknochen des Höhlenbären (Ursus spelaeus Rosenmüller) ermöglichten es, eine Rekonstruktion dieses eiszeitlichen Tieres und seiner Umwelt zu versuchen. Der Höhlenbär und der heutige Braunbär stammen vom altquartären etruskischen Bären ab.

94
Als imposantestes Objekt unserer Ausstellung kann der Schädel des Südelefanten (Archidiskodon meridionalis Nesti) von Senèze (Dép. Haute-Loire, Frankreich) bezeichnet werden. In fünfvierteljähriger Arbeit ist dieser Schädel aus Tausenden von Zahn- und Knochentrümmern zusammengesetzt worden. Aus dem Südelefanten des ältesten Pleistozäns entwickelten sich einerseits die Waldelefanten, anderseits die Steppenelefanten, aus welchen schliesslich die eiszeitlichen Mammutformen entstanden sind.

93

94

95/96
Im Buntsandstein von Riehen bei Basel ist 1864 ein roter Sandsteinblock mit einem vorzüglich erhaltenen Negativabdruck eines kleinen Sauriers geborgen worden. Es handelt sich dabei um das einzige Exemplar dieser Art mit dem wissenschaftlichen Namen Sclerosaurus armatus H. v. Meyer. Da kein einziges Knochenstück fossil erhalten war, gab erst der Ausguss der Negativform Aufschluss über die Besonderheiten dieses Tieres. Die plastische Rekonstruktion des Sauriers, der vor etwa 220 Millionen Jahren in unserer Gegend gelebt hat, war möglich, weil auf der Positivform alle Masse festgestellt werden konnten.

95

96

97–100
Bei der plastischen Rekonstruktion eines ausgestorbenen Tieres in Lebensgrösse wird gleich gearbeitet wie bei der Herstellung einer Dermoplastik eines heute lebenden Tieres. Auf ein Grundgerüst aus Holz und Metallstangen wird der Körper aus Drahtgeflecht gebaut (97). Darüber wird mit einer Kunststoffmasse der Körper mit allen Details aufmodelliert (98). Das erhärtete Kunststoffmaterial kann nun mit Feile und anderen Werkzeugen bearbeitet werden (99). Anschliessend kann das fertige Modell bemalt und ausgestellt werden, wie wir es bei der Höhlenbärenrekonstruktion gemacht haben. Beim Chalicotherium-Modell haben wir an Stelle einer Bemalung den Körper mit einem Kunstfell überzogen (100) und dieses eingefärbt.

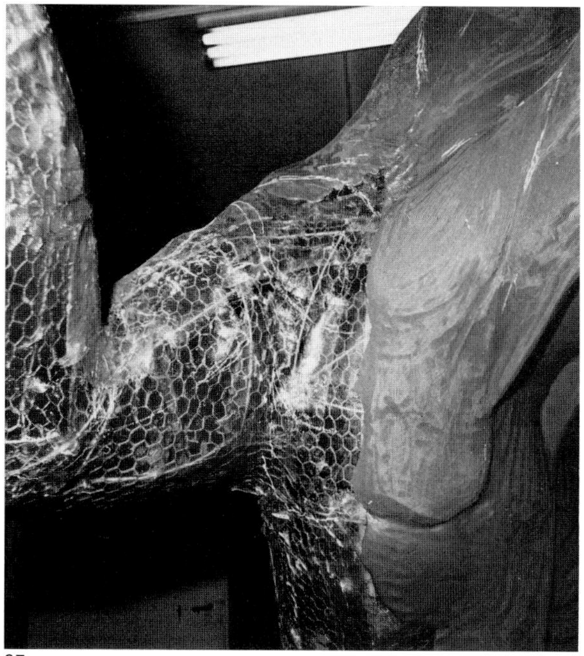
97

98

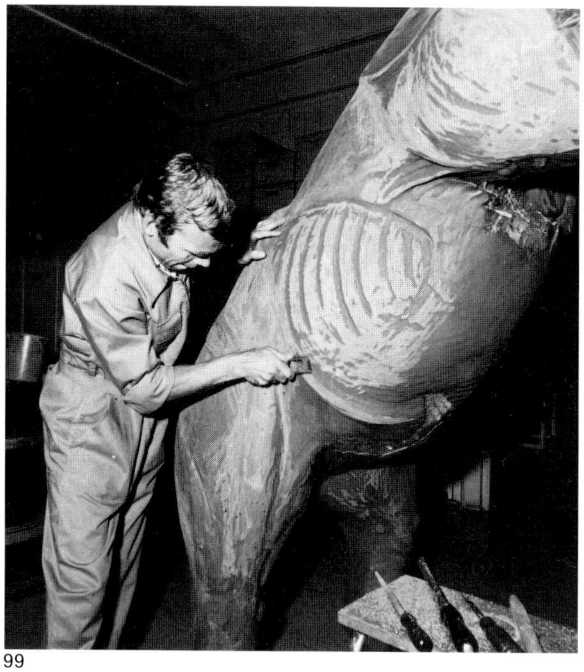
99

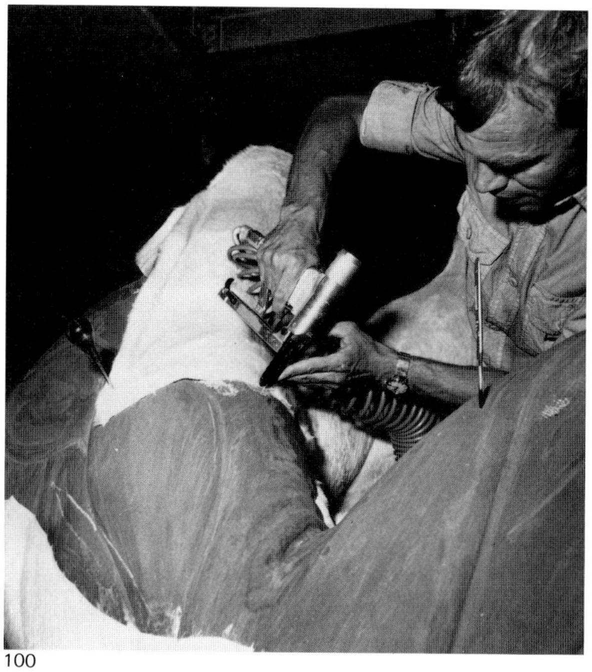
100

die nötigen Unterlagen zur lebensgrossen Rekonstruktion vorhanden sind. Auch hier liegt das Problem vor, wie die fossil nicht erhaltenen Teile wie Rüssel, Ohren, Hautoberfläche darzustellen sind. Wir mussten uns dabei an die äusseren Merkmale der heute lebenden afrikanischen Elefanten halten, wissen aber, dass diese Teile der Rekonstruktion nicht wissenschaftlich abgesichert sind.
Bei der Rekonstruktion des grossen, krallentragenden Huftieres Chalicotherium standen wir vor den gleichen Problemen. Da wir aber die beiden rekonstruierten Tiere voll ausleuchten und in die Nachbildung einer jungtertiären Savanne stellen, haben wir einen weiteren Schritt gewagt und die Modelle mit einem synthetischen Fell überzogen. Dabei haben wir weitere Merkmale wie Fellstruktur und Fellfarbe, über die wir natürlich nichts wissen, rekonstruiert.
Die Rekonstruktion eines ausgestorbenen Tieres kann also nicht mehr sein als der Versuch, eine unter vielen Nachbildungsmöglichkeiten auszuwählen, wie sie aufgrund der fossilen Dokumente denkbar sind.

101
Dieses Bild zeigt einen Ausschnitt aus dem alten Skelettsaal, wie er bis zum Beginn der Umbauarbeiten in unserem Museum bestanden hat. Entsprechend dem alten Ausstellungskonzept bemühte man sich früher, die grosse Vielfalt der Naturformen mit einer möglichst grossen Zahl von Einzelobjekten zu zeigen. Jahrzehntelang lockte die Skelettausstellung zahlreiche Besucher an.

101

Wandermuscheln

Zoologie

Die ersten zoologischen Objekte kamen mit den Cabinetten von Felix Platter und Johann Jakob d'Annone ins Museum, es waren Schalen und Gehäuse rezenter Muscheln und Schnecken. Der Grundstein der zoologischen Sammlung wurde aber erst mit dem Naturaliencabinett von Hieronymus Bernoulli gelegt, welches auch Wirbeltiere aller Klassen enthielt. Es ist verständlich, dass in früherer Zeit naturwissenschaftlich Interessierte nur selten Wirbeltiere sammelten. Reptilien, Amphibien und Fische mussten in Spiritus in Gläsern aufbewahrt werden; sie verloren aber rasch ihre prächtigen Farben und wurden unansehnlich.

<102
Einheimische Schwimmvögel. In dieser Vitrine wird auf die Beziehungen zwischen Körperbau, Bewegungsweise und Nahrungserwerb hingewiesen.

Säugetiere

Grössere Säugetiere waren vor allem als Jagdtrophäen begehrt, wobei oft nur der Kopf mit den Trophäen (Geweihe, Hörner) präpariert wurde. In den meisten Fällen montierte man sogar nur die Schädeldecke mit den Trophäen auf einen schön geschnitzten Holzschild. Geweihsammlungen wie zum Beispiel diejenige von August Socin erinnern noch an diese Epoche. Kleinere jagdbare Säugetiere wurden ‹ausgestopft›, indem man das gegerbte oder getrocknete Fell zusammennähte und mit Seegras oder anderem geeignetem Material füllte. Körperform und Haltung des Tieres waren daher alles andere als naturgetreu. Da die Präparations- und Konservierungsmethoden eher primitiv und rudimentär waren, sind viele Bälge und montierte Tiere im Laufe der Zeit durch Schimmel oder Motten und andere Insekten zerstört worden. Es ist deshalb begreiflich, dass wir aus der Anfangszeit des Museums nur noch wenige Säugetiere besitzen. Das Inventar von 1834 erwähnt 82 Exemplare aus 55 Arten. Beim späteren Ausbau der Säugetiersammlung trachtete man danach, Vertreter möglichst vieler Familien zu besitzen. Die Sammlung war damals weniger für den Museumsbesucher gedacht, sondern diente vor allem als Demonstrationsmaterial für den Zoologie-Unterricht an der Universität. Unsere Säugetiersammlung ist bis heute, trotz der stattlichen Zahl von rund 7000 Exemplaren, eine Schausammlung geblieben.

103>
Haarstern (Antedon indica). Antedon gehört zu den Haar- und Federsternen, die mit den Seesternen und Seeigeln verwandt sind. Haarsterne bewohnen oberflächennahe Schichten des Meeres. Sie gehören zu den am schönsten gefärbten Stachelhäutern. Mit ihren beweglichen Armen vermögen sie zu schwimmen und zu klettern. Das abgebildete Exemplar stammt aus Ceylon.

Auch hier macht sich das Raumproblem bemerkbar. Nur wenige Museen haben genügend Platz, um Elefanten, Nilpferde, Nashörner oder sogar Walfische auszustellen. Da in einem Museum mittlerer Grösse nie alle Tiergruppen ebenbürtig gesammelt oder wissenschaftlich bearbeitet werden können, hat sich von jeher, wie auch in den übrigen Abteilungen, die intensive Betreuung eng umgrenzter Gebiete aufgedrängt. In der Ausstellung ‹Säugetiere der Welt› sind vor allem Arten ausgestellt, die im Zoologischen Garten Basel nicht zu sehen sind oder Seltenheiten darstellen.

Die ‹Einheimischen Säugetiere› sind in einem bevorzugten Raume im Hochparterre ausgestellt. Es wurde darauf geachtet, möglichst alle Arten zu zeigen. Die Schweiz beherbergt rund 75 Säugetierarten, darunter befinden sich viele Kleinsäuger, die wir in der freien Natur selten zu sehen bekommen. Zu ihnen zählen die acht Spitzmausarten und die 22 Fledermausarten. Auch in der Schweiz sind einige Arten ausgerottet worden wie zum Beispiel der Wolf, der Bär, der Biber und der Luchs. Ältere Präparate und deren Fundorte beweisen, dass diese Tiere bei uns einst heimisch waren. So wurde der ausgestellte Bär 1852 im Tessin erlegt und der Wolf 1823 in der Umgebung von Basel geschossen, er stammt noch aus dem Cabinett von Hieronymus Bernoulli. Der Fischotter ist durch ein Exemplar aus Reigoldswil (Baselland) vertreten, wo er heute nicht mehr vorkommt.
In einer modernen Ausstellung ist es wichtig und sinnvoll, erläuternde Texte anzubringen. Viele Besucher wissen zum Beispiel nicht, weshalb gewisse Säugetiere in der Schweiz ausgerottet worden sind. Biber und Fischotter waren einst eine willkommene Bereicherung der Mahlzeiten während der Fastenzeit. Da diese Tiere Wasserbewohner sind, galten sie als kaltblütige Lebewesen und durften deshalb gegessen werden. Auch wegen ihrer feinen Pelze wurden diese beiden Arten gejagt. Das Bibergeil, ein Produkt der Analdrüse des Bibers, war bis Ende des letzten Jahrhunderts ein begehrtes Heilmittel gegen verschiedene Krankheiten. Luchs und Wildkatze galten als ‹Raubtiere› und wurden deshalb rücksichtslos verfolgt. In den letzten Jahren hat man viele der ausgerotteten Arten in der Schweiz wieder eingebürgert.
Eingehende Untersuchungen an Säugetieren sind im Naturhistorischen Museum nur gelegentlich durchgeführt worden, da wir von dieser Tiergruppe vorwiegend Schauobjekte besitzen und keine Studiensammlungen. Erst in den letzten Jahren sind in Zusammenarbeit mit Studenten des Zoologischen Instituts der Universität Basel einige Arbeiten über einheimische Säugetiere unternommen worden. Diese Studien beschreiben nicht Museumsmaterial, sondern die Lebensweise und das Verhalten der freilebenden Säugetiere. Trotzdem kommen die Forschungsergebnisse dem Museum zugute, da viele Dokumente in der Ausstellung verwertet werden können. So basieren graphische Darstellungen und Photos in der Ausstellung ‹Einheimische Säugetiere› auf diesen Feldarbeiten.
Ein Rundgang durch die Ausstellung ‹Säugetiere der Welt› zeigt, dass neben bekannten Arten auch einige seltene Exemplare vorgestellt wer-

103

den. Historisch interessant ist zum Beispiel das ausgestellte Okapi. Diese mit der Giraffe verwandte Art ist erst 1901 im Ituriwald in Zentralafrika entdeckt worden. Unser Exemplar wurde am 23. November 1903 vom Basler Geologen Johann Jakob David im erwähnten Gebiet erlegt. Okapis sind noch heute selten, da sie ein sehr kleines Verbreitungsgebiet haben. Weitere Seltenheiten sind der Panda oder Bambusbär aus Asien und das Fingertier oder Aye-Aye aus Madagaskar. Zusammen mit den Zebras ist ein Quagga ausgestellt. Diese Zebraart aus Südafrika ist um 1870 ausgerottet worden. Heute sind nur noch 22 ‹ausgestopfte› Exemplare in Museen erhalten und unser Tier, das 1858 angekauft wurde, ist eines der schönsten und am besten präparierten Exemplare. Viele andere Tierarten, die in den letzten Jahrzehnten ebenfalls ausgerottet oder stark dezimiert wurden, sind nur noch in Museen zu bewundern. Besonders vom Aussterben bedroht sind die artenreichen australischen Beuteltiere. Einige ihrer Vertreter – es befinden sich darunter sehr selten gewordene Arten – sind in einer speziellen Vitrine ausgestellt.

Wie kommt ein Museum zu Säugetiermaterial, speziell zu grösseren Exemplaren aus Übersee? Früher haben die grossen Museen eigene Expeditionen unternommen, um Tiere für ihre Ausstellungen zu sammeln. Auch die Zeiten der privaten Grosswildjäger, die nach Afrika und Asien reisten, um Tiere zu erlegen und diese als Andenken nach Hause zu bringen, sind praktisch vorbei. Viele dieser Erinnerungsstücke wurden dann später einem Museum vermacht. Auch unser Museum verdankt etliche Säugetiere solchen Abenteurern, so zum Beispiel den enormen Giraffenbullen, der seit 1935 im Treppenhaus des Naturhistorischen Museums aufgestellt ist. Das letzte derartige Geschenk, den imposanten Alaskabären, verdanken wir dem damaligen USA-Botschafter, True Davis, der den Bären erlegt hatte und ihn uns anschliessend präpariert schenkte. Die Mehrzahl unserer grossen Säugetiere aus fernen Ländern wurde jedoch bei Unternehmen wie Rowland Ward erworben, die sich auf zoologische Objekte für Museen spezialisiert haben. Da unser Museum früher keine eigenen Präparatoren hatte, mussten die Tiere bereits fertig montiert gekauft werden. Einige unserer Ausstellungsobjekte stammen aus den Ateliers von Dermoplastikern, die damals internationalen Ruf genossen. So kommen die Orang-Utan-Gruppe und das Gorillaweibchen aus der Werkstatt von Hermann Ter Mer, Leipzig, und die Giraffe, der Waran und viele Echsen von Adolf Haug, Stuttgart. Für unser Museum ist seit Jahren auch der Zoologische Garten eine wichtige Quelle, der wir die verschiedensten Tiere verdanken. Durch diese Zusammenarbeit zwischen zoologischen Gärten und Museen gehen die Tierkadaver nicht verloren, sondern bleiben in Form von Präparaten der Forschung und dem Publikum erhalten. In diesem Sinne sind auch unsere Beziehungen zu Wildhütern, Jägern und Zoohandlungen wichtig.

Beim Betrachten der ‹ausgestopften› Tiere wird sich mancher Besucher fragen, wie solche Schaustücke präpariert und montiert werden. Der Zoologischen Abteilung sind heute zwei vollamtliche Präparatoren zugeteilt. Zu ihren mannigfaltigen Aufgaben gehört auch die Herstellung von Tierpräparaten (Dermoplastiken) für die Ausstellungen. Um ein Säugetier für die Schausammlung zu präparieren und zu montieren, baute man früher ein Gerüst aus Holz und Metall. Dann wurde das Fell darübergestülpt, zusammengenäht und mit Seegras oder Werg gestopft. Solche Präparate hatten oft die unmöglichsten Formen und glichen in keiner Weise einem lebenden

104
Europäischer Biber (Castor fiber). Der Biber wurde im letzten Jahrhundert in der Schweiz ausgerottet. Sein Fell und das Fleisch waren sehr begehrt, die Bibergeildrüse wurde zu Heilmitteln verarbeitet. In den letzten Jahren sind in der Schweiz Biber wieder angesiedelt worden.
105
Braunbär (Ursus arctos). Der Braunbär in der Ausstellung ‹Einheimische Säugetiere› ist eines der letzten Exemplare der Schweiz. Er wurde 1852 im Kanton Tessin geschossen, der letzte Bär wurde 1904 im Val Minger erlegt.

104

105

106
Quagga (Equus quagga). Das Quagga hatte viel weniger ausgeprägte Streifen als die übrigen Zebraarten. Es lebte einst in Südafrika und wurde um 1850 ausgerottet. Das letzte Tier starb 1883 im Zoo von Amsterdam. Nur wenige Museen besitzen Dermoplastiken von Quaggas, unser Exemplar ist besonders schön montiert und erhalten.
107
Schabrackentapir (Tapirus indicus) mit Jungtier. Der Schabrackentapir unterscheidet sich von seinen südamerikanischen Verwandten durch die kontrastreiche Schwarzweissfärbung. Seine Heimat ist Malaysia und Sumatra. Mit der zunehmenden Rodung der Wälder ist auch die Existenz dieser Tierart bedroht. Tapire ernähren sich von Blättern, Früchten und Wasserpflanzen.

106

107

Exemplar der betreffenden Tierart. Ein Fortschritt in der Stopftechnik wurde später dadurch erreicht, dass aus Seegras möglichst naturgetreue Säugetierkörper mit Oberflächenstruktur gewikkelt und genäht wurden. Dieser Körper wurde dann mit Tonerde überstrichen, und die zugerichtete Haut wurde darübergezogen. In späteren Jahren begann man, die Tierkörper aus Gips zu modellieren. Diese Methode hatte den Vorteil, dass der Habitus des Tieres recht naturgetreu nachgebildet werden konnte. Über die Gipsplastik wurde dann das Fell gezogen und zusammengenäht. Diese Präparate hatten aber den Nachteil, dass sie relativ schwer waren und das Material den Temperatur- und Feuchtigkeitsschwankungen in den Ausstellungsräumen nicht standhielt. Die Folgen davon waren Spalten und Risse im Fell. Heute bieten die verschiedenen Kunststoffe neue Möglichkeiten. Ferner wird auch in vermehrtem Masse auf eine korrekte Haltung der Tiere geachtet. Der Werdegang einer modernen Dermoplastik kann in kurzen Worten wie folgt geschildert werden: Nach Photos oder wenn möglich anhand von Skizzen lebender Exemplare der betreffenden Tierart stellt man genaue Zeichnungen her, wobei auf die typische Haltung oder charakteristische Bewegung geachtet wird, die man dem Tier für die Ausstellung geben will. Vom möglichst frischen Kadaver wird eine Totenmaske in Form eines Gipsabgusses abgenommen. Vom toten Tier macht man Photos und fertigt Notizen über Färbung der nackten Hautstellen, da diese später ihre Farbe verlieren und nachgemalt werden müssen. Für den Gesichtsausdruck eines Tieres ist es wichtig, die Augenfarbe und die Form der Pupille zu notieren. Dann wird der Kadaver vermessen, wobei 30 bis 40 verschiedene Masse zu nehmen sind. Anschliessend wird das Fell abgezogen, wobei auf die Schnittführung geachtet werden muss, damit später am montierten Tier die Nähte nicht sichtbar sind. Das Fell wird in der Regel gegerbt. Der hautlose Tierkörper ist in Photos, Zeichnungen und eventuell Abgüssen der wichtigsten Muskeln festgehalten. Nun wird aus einem Profilbrett die ungefähre Körperform hergestellt. Eisenstangen dienen als Träger, wobei diese bereits in der ungefähren Skelettform und in der Stellung der Beine gebogen sind. In diesem Arbeitsstadium ist bereits der fertig modellierte Kopf am Profilbrett befestigt. Auf diesem Gerüst formt man die äusseren Körperumrisse aus dickem Draht, der mit einem Drahtgitter überzogen wird. Dieser Maschendraht deutet bereits die wichtigsten Muskeln an. Das Drahtgitter wird dann mit einem in Kunststoff getränkten Gewebe überzogen, auf dieses Gewebe wird Kunststoff aufgetragen, der nach seiner Erhärtung wie Holz bearbeitet werden kann. Durch dessen Bearbeitung gestaltet man — ähnlich wie ein Bildhauer — die Feinstruktur der Oberfläche des Tierkörpers (Muskeln, Sehnen, Gefässe usw.). Auf diese Tierplastik muss die Haut aufgeleimt und anschliessend zusammengenäht werden. Da die Augen jeder Tierart verschieden sind, ist es wichtig, den montierten Exemplaren die passenden Augen einzusetzen. Solche Tieraugen sind im Handel erhältlich, von seltenen und ausgefallenen Tierarten muss sie der Präparator selbst anfertigen. Das Herstellen einer Dermoplastik von der Grösse eines Hirsches dauert etwa drei bis vier Monate. Der Besucher kann sich selbst ausrechnen, wieviel Arbeitsstunden und Mühe in eine Säugetier-Ausstellung investiert werden.

Vögel

In unserer Abteilung wird der vogelkundliche Bereich besonders gepflegt. Neben verhältnismässig bescheidenen Beständen aus dem letzten Jahrhundert finden sich einige grössere Sammlungen aus Indonesien, Afrika und Südamerika, die zum Teil von Basler Zoologen angelegt worden sind. Das Schwergewicht liegt bei den einheimischen Vögeln, über die noch sehr viel zu forschen bleibt. Diese in jüngster Zeit stark angewachsene Sammlung macht nun etwa die Hälfte der gesamten Vogelbestände aus und ist mit weit über 10000 Objekten die bedeutendste unseres Landes. Im ‹Katalog der Schweizerischen Vogel-Fauna im Naturhistorischen Museum von Basel› von 1895 hiess es allerdings noch: ‹Es lag eigentlich nie in der Absicht der Museums-Commission, ein grosses Cabinet einheimischer Vögel zu besitzen, sie sollte vielmehr eine möglichst vollständige Sammlung aller auf der Erde vorkommenden Vogelarten dem Besucher vorweisen.› Dieses letztere Ziel auch nur halbwegs zu erreichen, musste natürlich die Möglichkeiten eines städtischen Museums weit übersteigen. Auch haben sich seither die Vorstellungen über die Aufgaben von Museumssammlungen gewandelt. Während es damals selbstverständlich war, die gesamten Bestände auszustellen, steht jetzt die nach besonderen Gesichtspunkten angelegte wissenschaftliche Studiensammlung im Mittelpunkt der Museumsarbeit und führt neben der dem Besucher zugänglichen Schausammlung ein eigenes Dasein. Um Fragen nach den Geschlechtsunterschieden bei Vögeln beantworten zu können, oder wenn zuverlässige Alterskennzeichen gefunden werden sollen, oder wenn es darum geht, den oft recht komplizierten Mauserverlauf genauer zu erfassen, bedarf es möglichst grosser Balgserien ein und derselben Vogelart.

108–111
Entstehung eines Großsäugetierpräparates: Dermoplastik einer Gemse. Am Profilbrett werden Beinstangen aus Eisen montiert. Dann wird mit Maschendraht der Körper vorgeformt. Auf diese Unterlage wird mit Gips kaschiert. Anschliessend wird mit einer speziellen Modelliermasse die endgültige Körperform ausmodelliert. Die Plastik wird mit dem Fell überzogen, dieses wird aufgeleimt und bis zum Trocknen mit Stiften fixiert. Am Schluss setzt man Glasaugen ein.

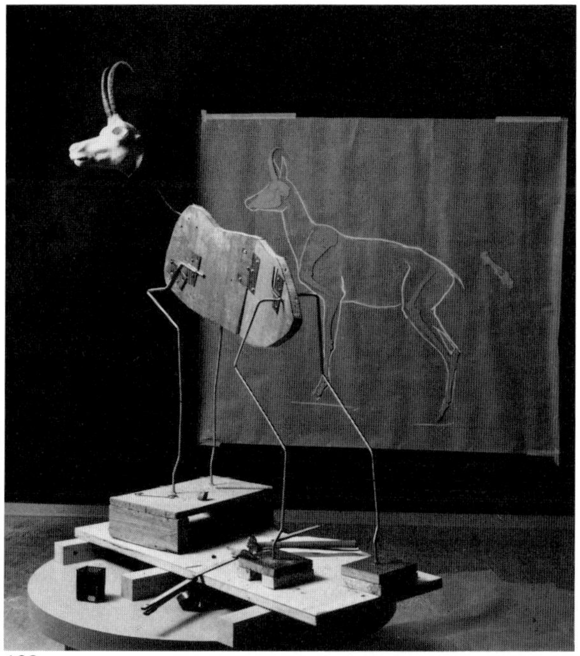
108

109

110

111

112
Nachtreiher (Nycticorax nycticorax). Nachtreiher zeigen sich bei uns gewöhnlich nur als Streifgäste, einzig in den Jahren 1967 bis 1971 haben einige Paare in der Schweiz gebrütet.
113
Distelfink (Carduelis carduelis). Der Distelfink gehört zu den Singvögeln und ist ein regelmässiger Brutvogel in der Schweiz. Er baut sein napfförmiges, mit weicher Pflanzenwolle ausgekleidetes Nest gern in die Krone von Obstbäumen.

114
Uferschwalbe (Riparia riparia). Die Uferschwalbe nistet kolonienweise in senkrecht abfallenden, von Sand oder Lehm durchzogenen Wänden von Kiesgruben. Die armlangen Bruträhren, deren hinteres Ende zu einer faustgrossen Höhle erweitert ist, werden mit Schnabel und Füssen gegraben.
115
Zaunkönig (Troglodytes troglodytes). Das kugelförmige Zaunkönignest mit seitlichem Einflugloch findet man mehr in Bodennähe, etwa in Jungtännchen, im Efeu oder im Wurzelwerk überhängender Böschungen.

112

113

114

115

116
Mellers Chamäleon (Chamaeleon melleri), Weibchen. Das Exemplar ist aus Mozambique und wurde dem Museum vom Basler Afrikaforscher Dr. A. David geschenkt. Es ist die grösste Chamäleonart Afrikas. Chamäleons zeichnen sich durch viele Besonderheiten aus: die Augen sind voneinander unabhängig beweglich, und die Körperfarbe verändert sich je nach Untergrund oder Erregungszustand des Tieres.

116

Dass es gelang, solche Balgserien zusammenzubringen, verdanken wir nebst zahlreichen Museumsfreunden den engen Beziehungen zur Schweizerischen Vogelwarte Sempach, die aus verschiedensten Landesteilen tot aufgefundene Vögel erhält und sie uns überlässt. Aus diesen Zufallsfunden wurde im Laufe der Jahre eine erstaunlich reichhaltige Sammlung von Studienbälgen, Flügelpräparaten und Federproben aufgebaut, die sowohl von unseren Feldornithologen als auch von Fachleuten im In- und Ausland gerne benützt wird.
Durch Zugänge aus denselben Quellen konnten auch die Objekte in der Ausstellung ‹Einheimische Vögel› weitgehend erneuert werden. Aus Vögeln also, die mit Fahrzeugen, Glasscheiben oder Drahtleitungen kollidierten und umkamen oder sonstwie verunglückten, die verhungerten, erfroren, an Krankheit oder Umweltgiften eingingen, konnten unsere Präparatoren wirkungsvolle Schaustücke gestalten. Noch bleibt viel zu tun, bis alle mit den Jahren unansehnlich gewordenen Exemplare durch neue ersetzt sind. Über ein Dutzend der ausgestellten Vögel steht übrigens schon mehr als ein Jahrhundert im Museum, zwei davon sogar seit 1830, dem Gründungsjahr der Vogelsammlung. Es sind die beiden Kampfläufer im Prachtkleid, von denen der eine aus dem Naturaliencabinett des Stadtratspräsidenten Hieronymus Bernoulli stammt und der andere vom Anatomieprofessor Johann Jakob Mieg dem Museum geschenkt worden ist. Der neugestaltete, im Frühjahr 1979 eröffnete Saal bietet einen Überblick über die in der Schweiz, im Oberelsass und in Südbaden vorkommenden Vögel. Die Arten sind zwar in konventioneller Weise nach Verwandtschaftsgruppen geordnet, doch will die Ausstellung mehr als blosse Artenkenntnis vermitteln oder in die Vogelsystematik einführen. Da und dort ist eine ganze Vitrine einem besonderen Thema gewidmet (Gefiederfolge bei der Lachmöwe, Brutparasitismus, Umweltgifte in der Nahrung, Revierverhalten u.a.). An vielen Stellen finden sich Nester, Gelege oder Jungvögel als Hinweis zur Fortpflanzungsbiologie, ferner wird anhand ausgewählter Beispiele auf die verschiedenen Arten der Fortbewegung, des Nahrungserwerbs und der Nahrungsauswahl aufmerksam gemacht. Letzteres führt geradewegs zur Ökologie, zu den Beziehungen zwischen Vogel und Umwelt und zugleich zum eigentlichen Hauptthema, nämlich zur Erscheinung der Artenvielfalt in der Natur. Die Formenfülle unserer Vogelwelt ist Spiegelbild der natürlichen Vielfalt der Lebensräume, ist Spiegelbild auch der mannigfachen Ernährungsmöglichkeiten, die von jeder Art wieder anders genutzt werden. Diese Zusammenhänge lassen sich bei den Vögeln in besonders anschaulicher Weise sichtbar machen.

Reptilien, Amphibien, Fische

Herpetologie ist die Wissenschaft der Erforschung von Lurchen (Amphibien) und Kriechtieren (Reptilien). Die herpetologische Sammlung ist eine der umfangreichsten der Zoologischen Abteilung, umfasst sie doch heute über 21 000 Reptilien und über 8400 Amphibien. Die Basler Sammlung zählt durchaus zu den grossen Europas. Sie dient hauptsächlich der wissenschaftlichen Forschung und kann auf eine lange historische Entwicklung zurückblicken. Am 7. Januar 1830 schenkten die Erben von Hieronymus Bernoulli dessen Sammlung dem Museum. Sie bestand unter anderem aus 72 Exemplaren von Amphibien und Reptilien, von denen heute noch 22 Stück erhalten sind. Vor diesem Legat war das Museum lediglich im Besitze einer Boa und einer Schildkröte. In den folgenden Jahrzehnten erhielt das Museum von Basler Reisenden kleine Collectionen von Amphibien und Reptilien aus aller Welt zugesandt. Eine solche Sammeltätigkeit versuchten die Verantwortlichen des Museums dadurch zu fördern, dass sie die interessantesten Neueingänge an den Versammlungen der Naturforschenden Gesellschaft vorstellten.
Ab 1845 begann die Sammlung merklich zuzunehmen. Mitarbeiter der Basler Mission schickten Amphibien und Reptilien aus fernen Ländern wie der Elfenbeinküste oder aus China ans Museum ihrer Heimatstadt. Diese Legate waren oft von grossem wissenschaftlichem Wert. Von der Elfenbeinküste erhielten wir zum Beispiel zwei vorher der Wissenschaft unbekannte Arten einer Gattung kleiner unterirdisch lebender Wühlschlangen (Typhlops). Zwei Personen haben wesentlich zum Gedeihen unserer herpetologischen Sammlung beigetragen. In den Jahren 1864–1874 sandte Gustav Bernoulli wertvolles Material aus Guatemala nach Basel. Fritz Müller begann 1875 mit umfangreichen Revisionsarbeiten an den Sammlungsbeständen, nachdem er in die Museumskommission gewählt wurde. Im Jahre 1878 publizierte er in den Verhandlungen der Naturforschenden Gesellschaft Basel einen Katalog der herpetologischen Sammlung. Diese Arbeit brachte Fritz Müller und damit der Basler Sammlung internationales Ansehen. Der Katalog verzeichnete 2900 Amphibien und Reptilien. Durch die Beschreibung einer Anzahl neuer Arten trug Fritz Müller entscheidend zur Kenntnis der Reptilien bei. Nach seinem Tode im Jahre 1895 schuf die Basler Regierung eine permanente Assistenzstelle an der herpetologischen Sammlung in Anerkennung ihrer Bedeutung. Während

117

117
Fischgalgen am Rhein bei Basel. Solche Galgen wurden schon sehr früh verwendet. Modernisiert, sind sie heute noch im Gebrauch. Damit werden im seichten Wasser verschiedene Fischarten gefangen. Heute hat es in Basel keine Berufsfischer mehr. Die Salmenwaage ist praktisch verschwunden, da der Salm äusserst selten geworden ist.

der folgenden Jahre schickten Reptilien-Liebhaber, Diplomaten und Wissenschafter, insbesondere Geologen, aus aller Welt wertvolle Tiere nach Basel. Dazu kamen wissenschaftliche Expeditionen, welche von Basel ausgerüstet wurden, wie zum Beispiel die Sammelreisen von Paul und Fritz Sarasin nach Ceylon (Sri Lanka) und Celebes im Jahre 1864.

Neben der Sammeltätigkeit bildeten und bilden heute noch Kauf und Tausch von Exemplaren eine Möglichkeit zur Vermehrung der Bestände. Der Tausch mit befreundeten Instituten in Europa und Übersee begann in Basel auf recht originelle Weise. Es war Jean Roux, der im Jahre 1907 eine Liste der Doubletten der Basler Sammlung an alle grossen Museen der Welt sandte mit der Aufforderung, ihm ihrerseits entsprechende Listen zu senden. Die damals ungewöhnliche Aktion war von so viel Erfolg gekrönt, dass sie wiederholt wurde. So wie die Basler Sammlung gewachsen ist, so präsentiert sie sich auch heute; es dominieren wertvolle Exemplare aus aller Welt. Hingegen fehlen eindeutige geographische Schwerpunkte, wie sie von anderen Museen in ihrer Sammeltätigkeit oft gesetzt werden. Deshalb ist es eher die breitgestreute Vielfalt unserer Sammlung und nicht die vollständige Erfassung der Tierwelt einer speziellen Region, die bei uns auffällt. Unsere herpetologische Sammlung umfasst 149 Typen, die Belegstücke zu neuen Arten sind. Die meisten dieser Arten wurden durch Basler Herpetologen beschrieben, doch dient die Sammlung auch ausländischen Fachleuten als Grundlage ihrer Forschungen. In neuerer Zeit hat die Zoologie immer stärker die Einsicht gewonnen, dass die Kenntnis einer Art nicht nur ein Problem der ähnlichen Form einer Gruppe von Organismen, sondern auch ein Problem ihrer Lebensweise ist. Die Berücksichtigung der Lebensbeziehungen zwischen untersuchten Tieren und ihrer Umwelt wurde also immer wichtiger. Diese Tendenz spiegelt sich in den Arbeiten der Basler Herpetologen aus den Jahren 1950–1970 wider. Zahlreiche Studien aus jener Zeit förderten die Kenntnis der Lebensweise verschiedener Amphibien und Reptilien, vor allem in Südeuropa und Nordafrika. In neuester Zeit wird bei uns vermehrt vergleichend-anatomisch gearbeitet. Die Sammlung eines Museums soll ja kein Denkmal, sondern vielmehr ein Arbeitsinstrument darstellen. Falls von einer Art mehrere Exemplare vorliegen, so ist es in Basel wie auch in anderen Museen heute vermehrt möglich, eines der Exemplare zu sezieren. Die vergleichend-anatomische Arbeit liefert wichtige Einblicke in die Funktion von Strukturen, das heisst die Anpassungsfähigkeit von Organismen an ihre Umwelt. Sie liefert aber auch vertiefte Einblicke in das geschichtliche, das heisst evolutive Werden der Tierformen. Da grössere Tiergruppen oftmals eine weite geographische Verbreitung aufweisen, ermöglicht gerade die weitgefächerte Sammlung unseres Museums, die Evolution der Ordnungen und Familien von Amphibien und Reptilien zu studieren.

118

In der Ausstellung über die einheimischen Reptilien, Amphibien und Fische liegt das Hauptgewicht der Thematik bei den Beziehungen dieser Tiere zu ihrer Umwelt. In unserer Zeit haben auch die Museen die Aufgabe, die Einflüsse der Technologie auf die Tierwelt darzustellen und dem Publikum vor Augen zu führen. Dies muss aber in einem Museum auf möglichst sachliche und neutrale Weise geschehen und an konkreten, wissenschaftlich untersuchten Objekten dargestellt werden. Ein gutes Beispiel hierfür sind die einheimischen Amphibien. Die meisten unserer Frösche und Kröten sind auf bestimmte Laichgewässer geprägt. Die geschlechtsreifen Tiere kehren jedes Jahr zur Fortpflanzungszeit dahin zurück, nachdem sie sich im Sommer und Herbst in Feldern und Wäldern, ihrem Jagdgebiet, aufhielten. Heute bereitet nicht nur die Trockenlegung der Laichplätze (Tümpel und Teiche) diesen Amphibien Probleme, ebenso verhängnisvoll wirkt sich der Strassenbau aus. Durch die breiten Strassen wird den Tieren oft der Weg zwischen Laichgewässer und Jagdgebiet abgeschnitten, und viele Individuen werden überfahren. Durch

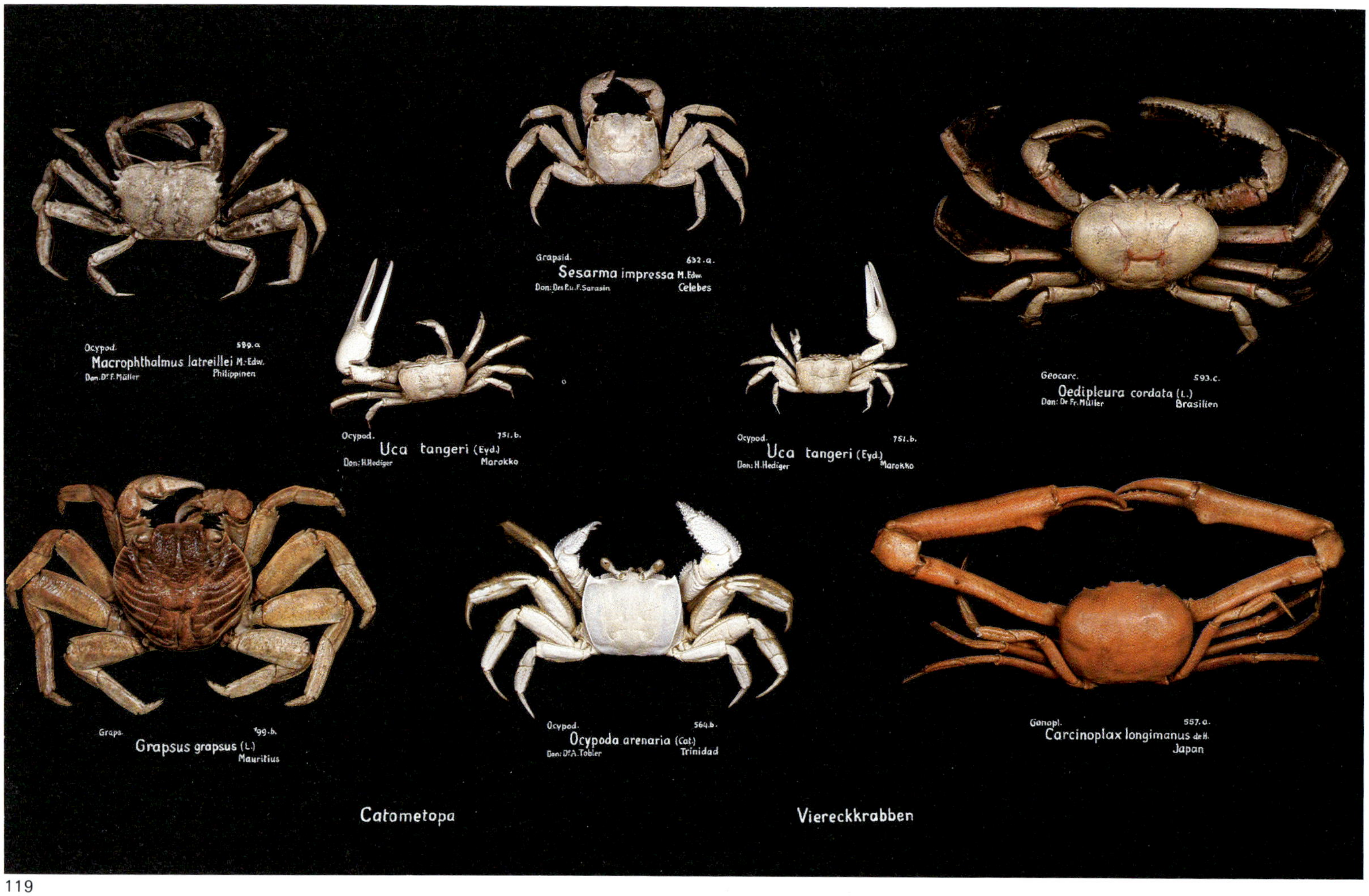

119

<118
Anolis-Echse in Bernstein eingeschlossen. Bernsteininklusen mit Insekten, Spinnen und anderen Arthropoden sind relativ häufig. Bis jetzt ist diese Anolis-Echse das einzige Wirbeltier, das man in Bernstein gefunden hat. Dieser Bernstein stammt aus der Dominikanischen Republik.

<119
Krabben. Die abgebildeten Tiere gehören zu den echten Krabben, welche die höchstentwickelten Krebse umfassen.

120
Spinnenschnecke (Lambis chiragra). Der Mundrand der Schale der Lambisarten ist häufig flügelartig verbreitert, bei einigen Arten zusätzlich mit dornartigen Fortsätzen versehen. Die abgebildete Unterart lebt auf Riffplattformen und im Flachwasser an der afrikanischen Küste und in einigen Inselgruppen bis nach Mauritius und den Malediven.

120

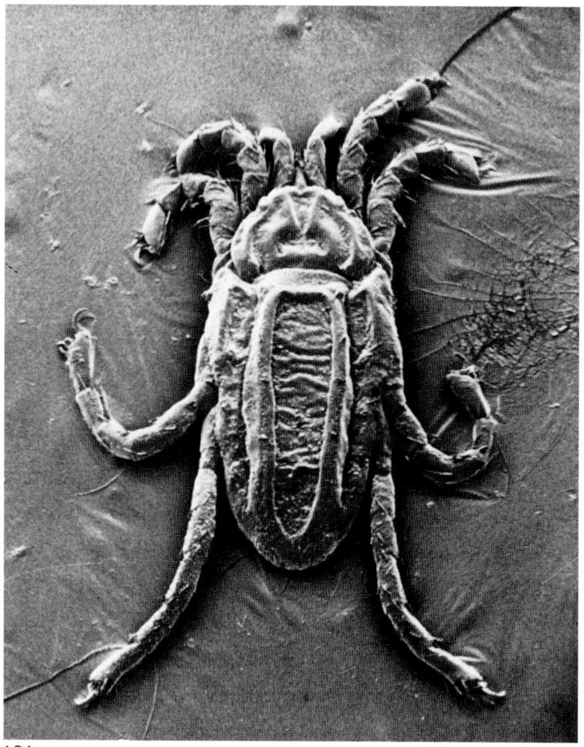

121

122

121
Die Wassermilbe (Hydrovolzia persica) wurde 1977 im Elburzgebirge entdeckt. Sie ist 0,8 mm gross. Das Typuspräparat befindet sich im Basler Museum.
122
Die Panzermilbe könnte in einem Gruselfilm auftreten! Sie ist ein harmloser Bewohner unserer Waldböden, wo sie zu Tausenden lebt. Grösse etwa 1 mm.

verschiedene Massnahmen versucht man heute, den Gewohnheiten dieser Tiere entgegenzukommen. Die Einengung des Lebensraumes kann dazu führen, dass gewisse Arten in einer bestimmten Gegend nicht mehr überleben können und dort aussterben. So hat sich in den letzten Jahrzehnten die Veränderung der Umwelt, was ihr Vorkommen und ihre Verbreitung anbelangt, auch auf unsere einheimischen Reptilien ausgewirkt. Aus vielen Gegenden sind heute gewisse Arten verschwunden, da man diesen sonnenhungrigen und Trockenheit liebenden Tieren ihre Biotope zerstört hat. In diesem Sinne ist das in den Museen konservierte Material für tiergeographische und faunistische Studien von unschätzbarem Wert. Anhand der genauen Fundortangaben auf den Etiketten können Verbreitungskarten erstellt werden, und die ehemalige Verbreitung kann mit der derzeitigen verglichen und mit den Landschaftsveränderungen korreliert werden. Auch unsere seit Jahrzehnten aufgebaute Sammlung einheimischer Echsen und Schlangen leistet hierbei den Wissenschaftern grosse Dienste.
Ähnliche Umweltprobleme machen sich bei den Fischen bemerkbar. Ein eindrückliches Beispiel ist der Lachs. Noch etliche Fischgalgen entlang dem Rhein zeugen davon, dass einst der Lachs und andere Fischarten bei Basel in grossen Mengen vorkamen. In einer speziellen Vitrine wird auf die ehemalige Bedeutung des Lachses für Basel eingegangen.

Schnecken und Muscheln (Conchylien)

Schnecken und Muscheln gehören zu den ersten zoologischen Objekten, welche mit den Naturaliencabinetten ins Museum kamen. Die Farbenpracht und die Mannigfaltigkeit der Formen der Schneckenhäuschen und Muschelschalen begeistern jeden Museumsbesucher. Die Schönheit dieser Naturgebilde, besonders der marinen Arten, ist wohl auch der Grund, weshalb es heute viele Conchyliensammler gibt. Auch wir profitieren von solchen Privatpersonen, so zum Beispiel von Paul Bohny, der 1962 seine Sammlung dem Museum vermachte. Neben den Meeresformen gibt es aber auch viele Land- und Süsswasserbewohner unter den Mollusken. Was die wissenschaftlichen Studien dieser Tiergruppe anbelangt, sind in den letzten Jahrzehnten vor allem zwei Forschungsrichtungen an unserem Museum gepflegt worden. Einerseits werden die in- und ausländischen Landschnecken bearbeitet, wobei das Hauptgewicht bei der Systematik liegt. Andererseits sind seit einigen Jahren Untersuchungen über die marinen Nacktschnecken im Gange, insbesondere diejenigen des französischen Mittelmeerraumes. Diese Studien werden in enger Zusammenarbeit mit den marinen Stationen von Banyuls und Villefranche durchgeführt. Diese Nacktschnecken (Opisthobranchier) sind meist nur den Zoologen bekannt, da die meisten Formen nur wenige Millimeter bis Zentimeter gross sind. Obwohl viele Arten prächtige Farben und Formen aufweisen, sind es keine attraktiven

123
Wie alle Milben besitzt diese Käfermilbe 8 Beine, sie ist mit den Spinnen verwandt. Sie frisst Pilzsporen, die sich im faulenden Laub entwickeln.
124
Die eigenartig gebaute Moosmilbe vermag in Schreckstellung den ‹Kopfteil› nach unten zu klappen, so dass ein Samenkorn vorgetäuscht wird.

123

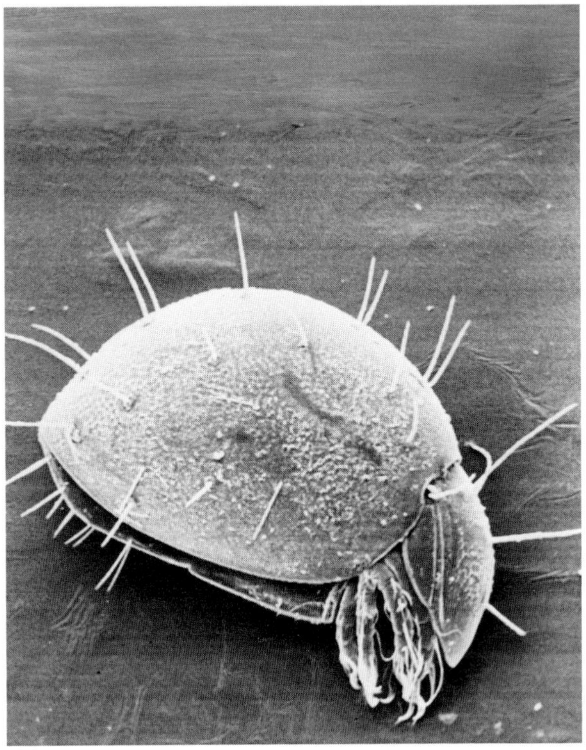
124

Schauobjekte, da sie klein sind und ihre Farben nicht fixiert werden können. Für die Wissenschaft sind es um so interessantere Tiere; immer wieder werden neue Arten entdeckt, und über ihre Lebensweise bleibt noch manches zu erforschen.

Milben

In einem Museum werden sehr oft auch Tierarten wissenschaftlich bearbeitet, die keinen Schauwert haben und deshalb für den Museumsbesucher wenig interessant sind. Eine solche Tiergruppe sind zum Beispiel die Milben, welche in unserer Abteilung seit Jahrzehnten untersucht werden. Zoologisch gehören sie zu den Gliedertieren und sind verwandt mit den Spinnen. Da die Milben sehr klein sind – die Durchschnittsgrösse liegt meist unter einem Millimeter –, nehmen wir praktisch keine Notiz von diesen Tieren. Neben der rein systematischen Bearbeitung der Tausende von Milbenarten ist heute auch in vermehrtem Masse das Studium ihrer Lebensweise in den Vordergrund getreten. Die einzelnen Milbenarten bewohnen die verschiedensten Biotope, und einige unter ihnen sind als Schmarotzer und Parasiten sogar von medizinischer Bedeutung (z. B. die Krätzmilbe).
Bei uns wird seit 1946 die Gruppe der Wassermilben besonders intensiv erforscht. Diese Hydracarina besiedeln alle Biotope des Wassers. Sie sind in Quellen, Bächen, Flüssen und Seen des Festlandes zu Hause, wobei man bis heute rund 5000 Arten unterscheidet. Gewisse Milbenarten sind aber auch ins Salzwasser eingewandert und bis in die Tiefen des Meeres vorgedrungen. Die Geoacarina (Landmilben) lassen sich in allen Lebensräumen des Festlandes nachweisen, und die Artenzahl dieser Landmilben beträgt weit über 10000. Es wird angenommen, dass dank der intensiven Forschung noch viele Arten entdeckt werden. Das Studium der Landmilben ist nicht nur in systematischer Hinsicht interessant, sondern hat in den letzten Jahren im Rahmen der modernen Bodenbiologie auch grosse praktische Bedeutung erlangt; denn es ist erwiesen worden, dass die Bodenmilben an der Bildung des Humus massgeblich beteiligt sind. In Zusammenarbeit mit anderen Instituten und landwirtschaftlichen Forschungsanstalten nimmt unser Museum einen wichtigen Platz in der Milbenforschung ein.

Entomologie

Die Entstehung der Sammlungen

Entomologie bedeutet Insektenkunde. Die ältesten Insektensammlungen unseres Museums bestehen seit etwa 150 Jahren. Davon zeugt ein gedruckter Bericht von 1883 mit einem ersten Inventar der vorhandenen sogenannten ‹Alten Museumssammlung›, die zu Teilen von Peter Merian (1822), Ludwig Imhof (1868) und Andreas Bischoff-Ehinger (1875) stammt. Es werden damals schon 30044 Arten gezählt, hauptsächlich Käfer (24300) und Schmetterlinge (2200). Friedrich Riggenbach-Stehlin vermachte dem Museum seine überaus grosse und schöne Sammlung. Ludwig Georg Courvoisier hinterliess dem Museum seine Bläulinge (Lycaenidae). Aber die grössten und bedeutendsten Zugänge kamen erst in den letzten 50 Jahren dazu, nachdem Eduard Handschin mit einem gezielten Ausbau der Sammlungen begonnen hatte.

Zahlreiche, vielfach wissenschaftlich bedeutende Sammlungen verdanken wir Amateur-Entomologen. Die Museen können den vielen Amateuren gar nicht genug für ihre Arbeit danken. Oft werden solche Sammlungen von ihren Besitzern bereits zu Lebzeiten einem Museum vermacht oder nach ihrem Tod durch die Erben geschenkt. Leider kamen in den letzten Jahren solche Schenkungen immer seltener vor. Andere Museen verfügen nämlich über ausreichende Mittel zum Kauf solcher Spezialsammlungen, im Gegensatz zu unserem Museum.

Um so erfreulicher ist es für das Museum, dass es 1947 gelang, die bedeutendste Ameisensammlung der Welt, die Sammlung Felix Santschi, mit Typen von über 3400 Arten, zu erwerben, weil ihm die chemische Industrie in verdankenswerter Weise die nötigen Mittel zur Verfügung stellte. Der Schweizer Felix Santschi (1872–1940) verbrachte den grössten Teil seines Lebens als praktizierender Arzt in Kairouan (Tunesien). Er war einer der bedeutendsten Ameisenforscher und hat die umfangreichste bestehende Ameisensammlung aufgebaut. Bis an sein Lebensende tauschte und bestimmte er Material von andern Sammlern. Seine Arztpraxis in Kairouan verschaffte ihm dazu die nötigen Einnahmen. Sie war aber nur in den Abendstunden geöffnet. Das Tageslicht verwendete F. Santschi zum Beobachten und Studieren der Ameisen. Er hat mehr als 2000 neue Formen beschrieben, die sich jetzt in unserem Museum befinden. Eine ungefähr gleich grosse Zahl von Typen anderer Arten fand den Weg in seine Sammlung, teils durch Tausch, teils als Geschenk von Kollegen.

Heute besitzt unser Museum die Typen zu rund einem Drittel der 12000 beschriebenen Ameisenarten. Niemand kann eine grössere Arbeit über die Klassifikation der Ameisen schreiben, ohne unsere Sammlung zu konsultieren. Daher halten sich Jahr für Jahr mehrere Besucher wenige Tage bis zu einigen Wochen zu solchen Studien bei uns auf. Die Sammlung ist besonders reich an Elementen aus Afrika und Südamerika. Die Lücke an weniger vertretenen asiatischen Formen konnte in den letzten Jahren durch Reisen unserer Mitarbeiter nach Indien, Nepal, Bhutan und Pakistan aufgefüllt werden. Das war vor allem möglich, weil seit 1971 am Museum ein Ameisenspezialist als Konservator arbeitet und diese grosse Tradition als einziger beamteter Ameisenforscher in der Schweiz fortführt.

Weitere wichtige Insektensammlungen kamen in den letzten Jahren dazu, so 1937 die Sammlung Theodor Steck (Hymenoptera, 250000 Exemplare), 1942 die Sammlung Johannes Müller-Rutz (30000 Kleinschmetterlinge), 1943 die Sammlung Ludwig E. Paravicini (Wanzen, über 10000 Exemplare), 1948 die Sammlung Arnold Corti (über 6000 Exemplare von Nachtschmetterlingen). Weiterer Zuwachs steht im Zusammenhang mit den speziellen Arbeitsgebieten der Vorsteher und freiwilligen Helfer unserer Insektensammlung. So hat E. Handschin die Collembola (Springschwänze), die Neuroptera (Netzflügler) und die Käfer der Schweiz bearbeitet, Fred Keiser die Diptera (grösste in der Schweiz vorhandene Fliegensammlung). 1957 wurden die Sammlungen Henry Marchand (Buprestidae = Prachtkäfer und Chrysomelidae = Blattkäfer) und Johann Benedict Jörger (15000 verschiedene Arten aus der paläarktischen Region, also aus Europa und dem nördlichen Asien bis nach Japan) erworben, 1961 die Sammlung Henry Beuret (Lycaenidae = Bläulinge, vorwiegend aus der Schweiz). F. Keiser sammelte während je eines Jahres in Ceylon (1953) und Madagaskar (1958), wodurch wertvolles, inzwischen ausgewertetes Material nach Basel kam. Walter Wittmer baute vor allem die Käfersammlung aus. Sie macht heute allein etwa ein Viertel unseres Sammlungsbestandes aus. Diese Proportion muss in Beziehung dazu gesehen werden, dass rund die Hälfte aller überhaupt beschriebenen Insektenarten Käfer sind. In den letzten Jahren wurden erworben: 1969 die Sammlung Karl Mandl (Carabinae = Laufkäfer mit 25000 Exemplaren, 85% aller bekannten Arten), 1970 die Sammlung Hermann Priesner (8500 Käfer aus Ägypten), 1972 die Sammlung Julius Lautner (etwa 40000 Exemplare aus Europa).

Vor kurzem hat unser Museum eine neue Sparte der Ameisenforschung aufgenommen: das Studium der fossilen Ameisen, gestützt auf Material aus den reichen Bernsteinlagern in der Dominika-

<125
Die Färbung der Schmetterlinge ist entweder auf chemische Farbstoffe zurückzuführen oder sie ist physikalischen Ursprunges. Schillerfarben werden durch Lichtbrechung verursacht, die übrigen durch Farbpigmente. Meistens treten aber beide Möglichkeiten kombiniert auf.

126
Goliathkäfer (Goliathus regius) aus Westafrika. Mit über 10 cm Körperlänge gehört er zu den grössten Käfern der Welt. Daneben zum Vergleich ein Maikäfer, der mit seinen 3–3,5 cm Körperlänge einer der stattlichsten Käfervertreter der Schweiz ist.

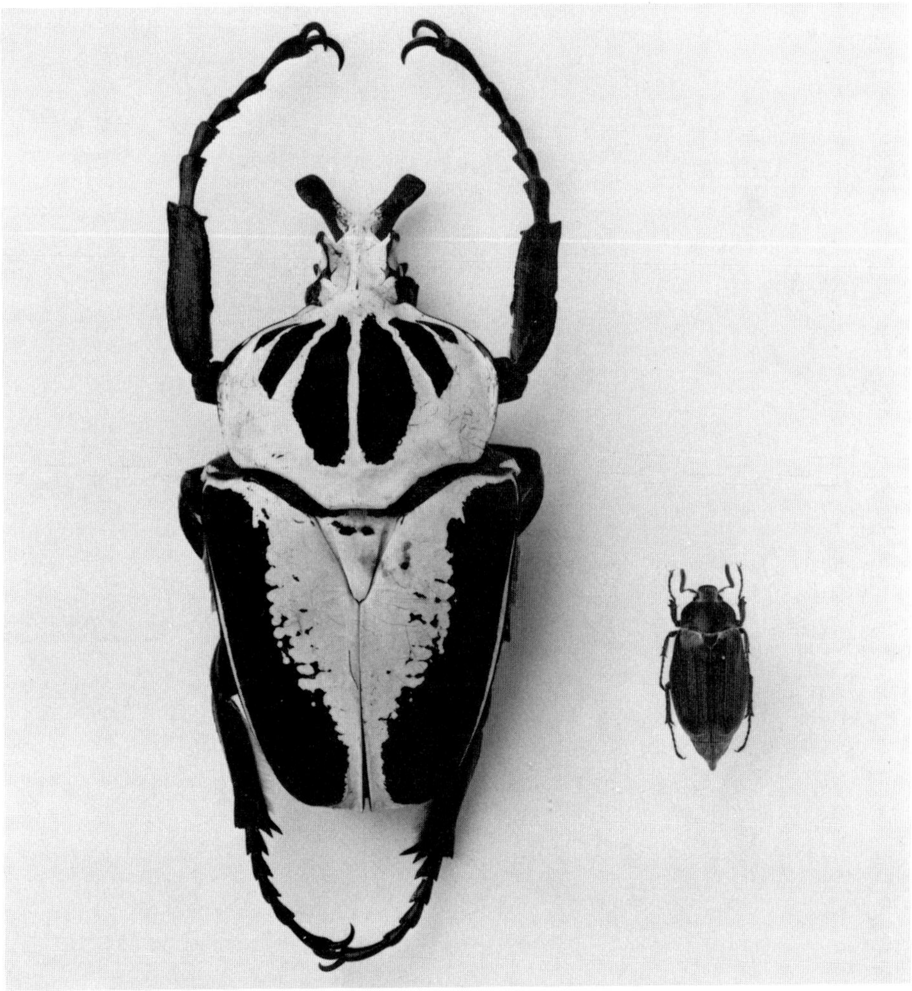

126

nischen Republik. Das erdgeschichtliche Alter liegt bei 25 bis 35 Millionen Jahren. Das Material ist einzigartig in seiner Reichhaltigkeit und ist bestens erhalten. Es wird uns zu grundlegenden Ableitungen über Stammesgeschichte und Entwicklung der ganzen Familie der Ameisen führen. Das bereits begonnene Studium setzt sorgfältige Präparation und Analyse voraus und wird weiter zur Mehrung der internationalen Bedeutung unseres Museums beitragen.
Die Gesamtheit der heute bei uns aufbewahrten Insekten wird auf über zwei Millionen in 90000 Arten geschätzt, welche in über 8000 Cadres untergebracht sind (Trockenpräparate) und in Hunderten von Alkoholgläsern (Alkoholpräparate). Dazu kommen über 11000 mikroskopische Präparate.

Wer betreut und nutzt diese Sammlungen?

In der Abteilung sind derzeit zwei Wissenschafter ständig angestellt, unterstützt von einer Sekretärin und einem Assistenten. Der eine dieser Wissenschafter bearbeitet drei Käferfamilien mit etwa 10000 Arten weltweit, der andere als Spezialität die Formicidae (Ameisen), ebenfalls weltweit.
Unvergessen ist uns die grosse Zahl freiwilliger Mitarbeiter, ohne die der Aufbau der Sammlung und Ausstellungen nicht möglich gewesen wäre. Unter ihnen sei Albert Huber besonders genannt, der über ein halbes Jahrhundert neben seiner Tätigkeit als Lehrer bei uns arbeitete und uns ein grösseres Legat hinterliess.
Der Fonds ‹Pro Entomologia› wurde 1969 von Walter Wittmer gegründet und dient der Förderung der Entomologischen Abteilung. Dessen Erträge werden vornehmlich für die Präparation von Insekten, den Kauf wertvoller Sammlungen, die Anschaffung von Literatur und den Druck der Zeitschrift ‹Entomologica Basiliensia› verwendet.

Wirtschaftliche Bedeutung der Insektenkunde

Eine wichtige Funktion erfüllen wir bei der Beratung von Behörden (Gesundheitsamt) und Privaten über mögliche Schadinsekten. Warenimporteure und die Industrie bitten uns um Bestimmung zahlreicher Vorratsschädlinge, wie das folgende Beispiel zeigt.
Ein Schweizer Importeur beanstandete eine Sendung getrockneter Früchte, die mit einem starken Befall von Raupen, Puppen und ausgeschlüpften Faltern eines Kleinschmetterlings hier eintraf. Der südamerikanische Exporteur wies die Beanstandung zurück mit der Begründung, die Sendung habe den Verschiffungshafen in einwandfreiem Zustand verlassen, die Schädlinge müssten auf

127
Herkuleskäfer (Dynastes hercules), Männchen. Das Männchen wird, die nach vorn gewendeten Hörner mit einberechnet, über 15 cm lang. Dem Weibchen fehlen die Hörner. Die Art lebt im tropischen Amerika.

128
Cicindela octonotata stammt aus Indien und gehört zur Familie der Sandlaufkäfer. Sie sind weltweit verbreitet, fehlen jedoch in kalten Gebieten. Es sind langbeinige, flinke Käfer, deren Flügeldecken oft hübsche Zeichnungen aufweisen oder bunt gefärbt sind.

129
Macrodontia cervicornis stammt aus Südamerika und ist ein Vertreter der Breitböcke (Prioninae). Er ist verwandt mit unserem Sägebock und dem Zimmermannsbock.

130
Mormolyce phyllodes. Der Gespenstlaufkäfer ist im indomalaiischen Gebiet heimisch und gehört zu den Laufkäfern. Er wird bis 8 cm lang und lebt unter der trockenen, abgestorbenen Rinde morscher Baumstämme, wobei ihm sein flacher Körper zustatten kommt.

127

128

129

130

131
Chelorrhina polyphemus aus Westafrika ist ein Vertreter der Rosenkäfer. Alle Cetoniden lieben Wärme und Licht, besuchen Blüten, um deren zarte Teile zu fressen, oder erlaben sich am Saft von Bäumen.
132
Dicranocephalus bowringi aus China ist ebenfalls ein Verwandter unserer Rosenkäfer.

133
Eulyes amoena aus Java gehört zu den Raubwanzen (Reduviidae). Der hinter den vorstehenden Augen halsartig verengte Kopf und eine quere Einschnürung des Vorderbrustringes sind die Kennzeichen der Raubwanzen.
134
Psalidognathus superbus ist ein Vertreter der Bockkäfer aus Südamerika. Typisch für die Bockkäfer sind die langen Fühler. Alle Bockkäfer sind Pflanzenfresser.

131

132

133

134

137 >
Gnamptogenys pristina. Rekonstruktion des fossilen Tieres. Zeichnung von Armin Coray. Bernstein ist fossiles Harz, das mindestens 1 Million Jahre alt ist. Die darin eingeschlossenen Tiere sind sehr gut konserviert, so dass man an ihnen alle Details erkennen kann.

dem Schiff oder im Umschlaghafen in Europa in die Ware gelangt sein. Der Importeur bat uns um Hilfe. Es ergab sich, dass es sich bei dem betreffenden Kleinschmetterling um einen Kosmopoliten handelt, der überall auf der Erde in Lagerhäusern auftreten kann. Die Entwicklungsdauer vom Ei bis zum Falter beträgt bei dieser Art je nach Temperatur fünf bis sechs Wochen, während die Reise der befallenen Trockenfrüchte ab Verschiffungshafen in Übersee bis zur Ankunft in der Schweiz nur knappe vier Wochen gedauert hatte. Das Vorhandensein der bereits geschlüpften Falter bewies somit, dass die Sendung schon am Ursprungsort und nicht erst während der Reise von Schädlingen befallen worden war. Der südamerikanische Exporteur musste aufgrund des entomologischen Gutachtens den Schaden anerkennen.

Wie wichtig bei solchen Begutachtungen genaue systematische Kenntnisse sein können, mag folgendes Beispiel aufzeigen. Es ging um gewisse Arten von Pflanzenschmierläusen der Gattungen Pseudococcus und Planococcus, die systematisch nur schwierig auseinanderzuhalten sind. 1923 erschien eine solche Schmierlaus in Kenia, breitete sich massenhaft auf Kaffeepflanzen aus und verursachte grosse Schäden. Man bestimmte die Art als Planococcus citri, eine Art, die als Citrus-Schädling fast überall in den Subtropen daheim ist. Zur Bekämpfung dieser Schädlinge wurden deshalb im Jahre 1925 Parasiten aus Italien eingeführt, doch fanden diese keinen Gefallen an den afrikanischen Schmierläusen. Man kam schliesslich zur Überzeugung, dass die Schmierlaus systematisch falsch bestimmt sei und es sich um einen Pseudococcus lilacinus handle. Nun suchte man die entsprechenden Entomophagen, also Insektenfresser (kleine, schmarotzende Schlupfwespen), in Indonesien, auf den Philippinen, auf Hawaii und in Kalifornien, doch kein einziges Individuum konnte in Kenia akklimatisiert werden. 1934 wurde die Schmierlaus aufs neue untersucht, und man entdeckte, dass es eine neue, bisher in Kenia nicht bekannte Art sei und dass sie aus dem Nachbarland Uganda eingeschleppt worden war. So wurde in Uganda nach Entomophagen gesucht. Diese wurden in Kenia eingeführt, und bald schon stellte sich der Erfolg ein. Der Schmarotzer vermehrte sich schnell auf der schädlichen Schmierlaus und konnte ihre massive Entwicklung eindämmen.

Ein Stück Öffentlichkeitsarbeit ist auch die Hilfe, die wir Jugendlichen geben, die sich bei uns Rat und Anweisungen für das Sammeln von Insekten, für deren Präparation, das Anlegen einer Sammlung und zur Zucht von Insekten erbitten.

135
Gnamptogenys pristina, eine fossile Ameise, in Bernstein der Dominikanischen Republik eingeschlossen. Diese Art lebte vor rund 23 Millionen Jahren. Seitenansicht.
136
Gnamptogenys pristina. Dasselbe Exemplar wie in Abb. 135 in Dorsalansicht.

135

136

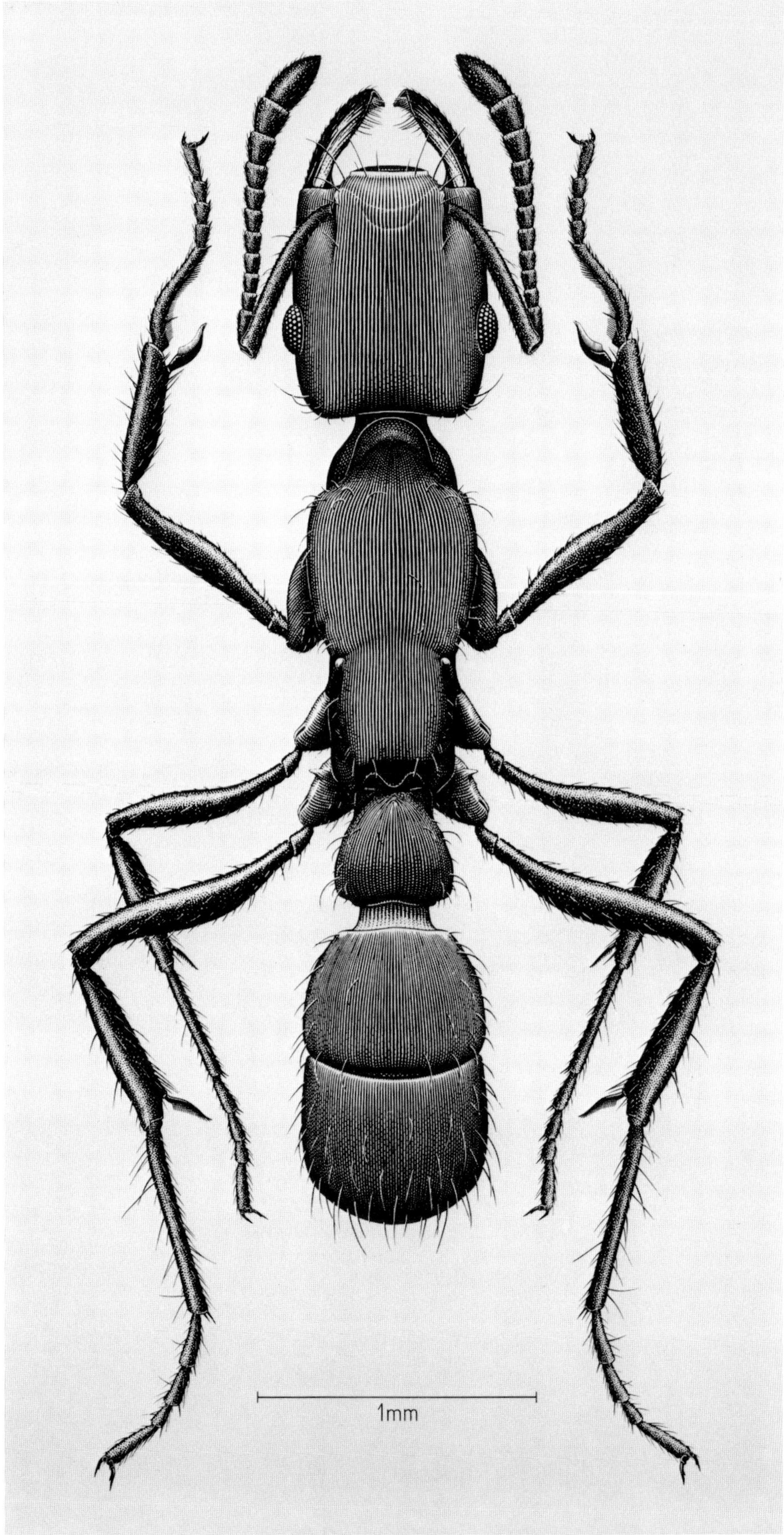

Ausstellungen

Der grösste Teil der wissenschaftlichen Sammlung eignet sich nicht für Ausstellungen, weil die Mehrzahl der Objekte sehr klein ist und die Artunterschiede nur aufgrund eines genauen Studiums unter Binokular oder Mikroskop, anhand von Präparaten oder stark vergrösserter Aufnahmen mit dem Rasterelektronenmikroskop festzustellen sind.

In Wechselausstellungen zeigen wir Insekten in thematischem Zusammenhang. Themen einiger dieser Ausstellungen, welche wir im vergangenen Jahrzehnt angeboten haben, waren: ‹Soziale Insekten› und lebende Blattschneiderameisen (Atta); ‹Die schönsten Prachtkäfer›; ‹Schmetterlinge der Reinacher Heide›; ‹Laufkäfer der Gattung Carabus›; ‹Wunder der Verwandlung› (Raupe—Puppe—Schmetterling); ‹Sammeln und Forschen im Himalaja› und ‹Bernstein und seine Einschlüsse›.

Expeditionen und Publikationen

Schon die Vettern Fritz und Paul Sarasin (Celebes und Borneo), Alfred Bühler und Ernst Sutter (Sumba und Flores), Eduard Handschin (Java) und Fred Keiser (Ceylon) sammelten im Fernen Osten. Diese Tradition führten Walter Wittmer und Cesare Baroni Urbani im Himalaja-Gebiet weiter.

Keine Tiergruppe hat sich derart an alle Lebensbedingungen angepasst, die die Erde bietet, wie gerade die Insekten. Die meisten Formen sind in den Tropen anzutreffen, nach Norden nimmt die Artenzahl immer mehr ab, aber erst vor dem ewigen Schnee machen sie halt. Dasselbe gilt für ihr Vorkommen in der Höhe, in 5500 m. Wo die letzten Pflanzen gerade noch gedeihen können, findet man sie. Ihre Anpassung an die verschiedensten Pflanzen ist bekannt, wenige Holzarten oder Wurzeln werden von ihnen verschont. Auf und in Waldböden spielen sie eine grosse Rolle bei der Humusbildung. Viele fressen nur Aas, unzählige sind auf allen möglichen Exkrementen zu finden, wobei einzelne Arten sehr wählerisch sind und die Larven zum Beispiel nur den Kot einer einzigen Säugetierart fressen. Zahlreiche Arten sind ans Leben im Wasser angepasst, wobei sie sich sogar ans Salzwasser gewöhnt haben. Andere plagen die Menschen (Moskitos, Flöhe usw.), wieder andere schmarotzen bei Ameisen und fressen deren Brut. Kleinste Wespen parasitieren die Larven anderer Insekten oder deren Eier. Diese Liste könnte beliebig fortgesetzt werden. Kein Wunder, dass das Auffinden der unzähligen Formen in der Natur mit allen möglichen Hilfsmitteln betrieben werden muss.

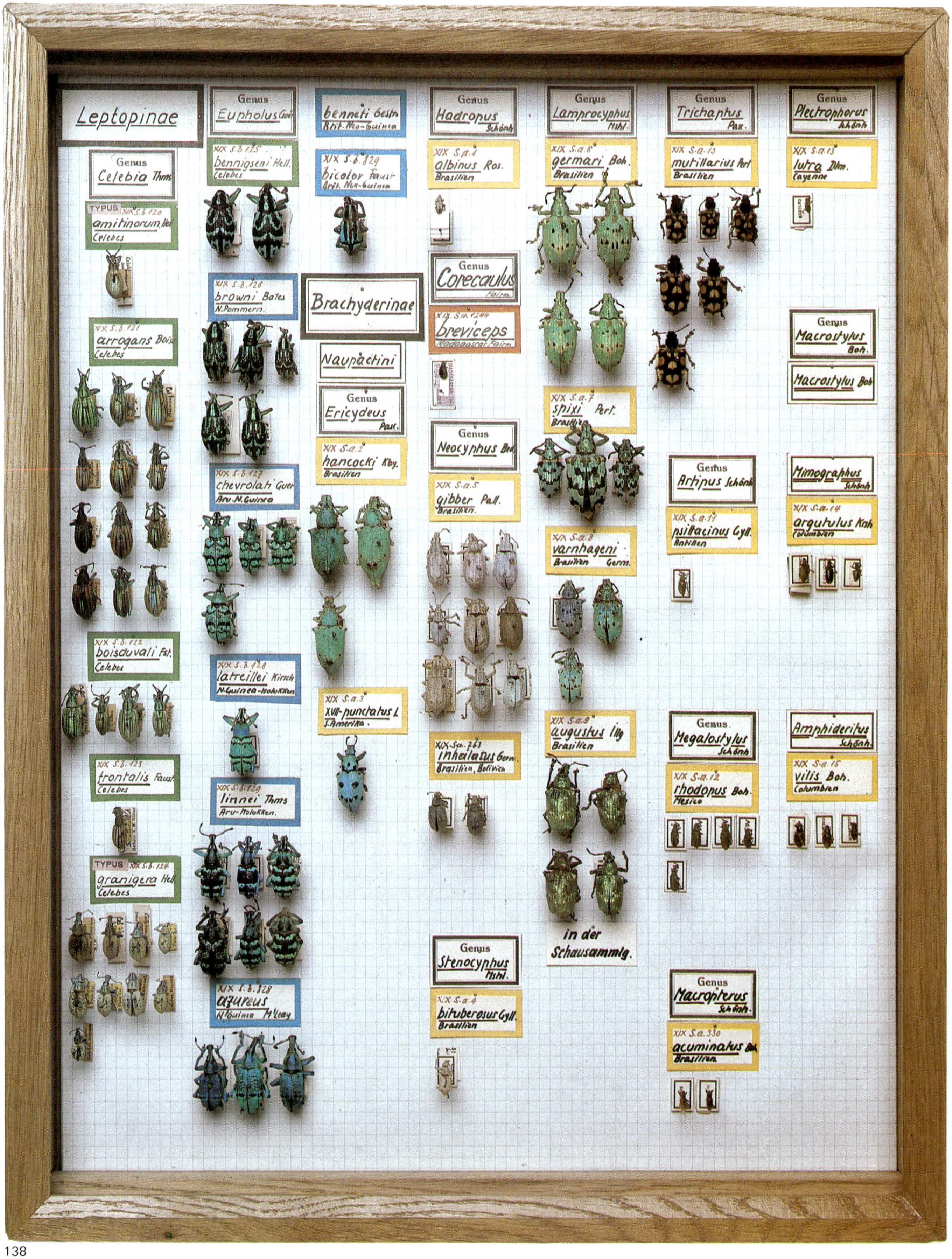
Leptopinae
Genus Celebia Thms
TYPUS
amitinorum Hell
Celebes
arrogans Bois
Celebes
boisduvali Fst.
Celebes
frontalis Faust
Celebes
TYPUS
granigera Hell
Celebes
Genus Eupholus Guér
bennigseni Hell.
Celebes
browni Bates
N.Pommern
chevrolati Guér
Aru-N.Guinea
latreillei Kirsch
N.Guinea-Molukken
linnei Thms
Aru-Molukken.
azureus
N.Guinea M'Leay
benneti Gestr.
Brit. Neu-Guinea
bicolor Faust
Brit. Neu-Guinea
Brachyderinae
Naupactini
Genus Ericydeus Pasc.
hancocki Kby.
Brasilien
XVII-punctatus L
S.Amerika
Genus Hadropus Schönh
albinus Ros.
Brasilien
Genus Corecaulus Fairm.
breviceps
Madagascar Fairm.
Genus Neocyphus Boh
gibber Pall.
Brasilien
inhalatus Germ.
Brasilien, Bolivien
Genus Stenocyphus Mshl.
bituberosus Gyll.
Brasilien
Genus Lamprocyphus Mshl.
germari Boh.
Brasilien
spixi Perl.
varnhageni Germ.
Brasilien
augustus Illg
Brasilien
in der Schausammlg.
Genus Trichaptus Pasc.
mutillarius Perl
Brasilien
Genus Artipus Schönh
psittacinus Gyll.
Antillen
Genus Megalostylus Schönh
rhodopus Boh.
Mexico
Genus Macropterus Schönh.
acuminatus Boh.
Brasilien
Genus Plectrophorus Schönh
lutra Dlm.
Cayenne
Genus Macrostylus Boh.
Macrostylus Boh
Mimographus Schönh
argutulus Kah
Columbien
Amphideritus Schönh.
vilis Boh.
Columbien

138

<138
In solchen Sammlungskästen werden in der Entomologischen Abteilung die Insekten aufbewahrt. Abgebildet ist einer der Kästen mit Rüsselkäfern. Kennzeichnend für die Rüsselkäfer, von denen es rund 46000 Arten gibt, sind die knieförmig gebogenen Fühler und der Rüssel.

Die Sammelmethoden können in zwei Kategorien eingeteilt werden, in eine aktive und in eine passive.
Die aktive Methode verlangt den Gebrauch zahlreicher Sammelgeräte. Das Schmetterlingsnetz wird nicht nur von den Schmetterlingssammlern gebraucht, sondern von allen Entomologen, die Libellen, Fliegen, wespen- und bienenartige Insekten sammeln. Selbst der Käfersammler bedient sich dieses Netzes, wenn er die flinken Sandläufer (Cicindelidae) oder andere schnelle Käfer erbeuten will. Der Kötscher gleicht dem Schmetterlingsnetz, ist jedoch viel robuster gebaut. Er wird mit Schwung über die Gräser und niedrigen Gebüsche bewegt, worauf ein grosser Teil der Insekten in den Kötscher fällt. Mit einer weichen Pinzette werden die gewünschten Insekten herausgesucht. Der Wasserkötscher mit einem durchlässigen Gewebe dient zur Erforschung der Wasserfauna. Der Ameisenforscher kann die Pinzette zum Auflesen kaum verwenden. Die raschen Tiere wären längstens alle verkrochen, bis er sie mühsam eines nach dem andern erbeutet hätte. Hierfür bedient er sich des Aspirators, der in zwei verschiedenen Modellen hergestellt wird. Mit dem einen Modell muss man

139

139
Pseudocreobotra wahlbergi, eine Gottesanbeterin aus Südafrika. Die Gottesanbeterinnen oder Fangschrecken sind heuschreckenähnliche Insekten. Ihr Kopf ist sehr beweglich und in alle Richtungen drehbar. Die Vorderbeine sind zu mächtigen Fangarmen umgebildet. Alle Vertreter der Gottesanbeterinnen sind schlechte Flieger.

richtig saugen. Ein kleines Gitter am Fangrohr verhindert, dass die Insekten in den Mund oder in die Luftröhre gelangen, aber Staub, üble Gerüche, Pollen oder andere unliebsame Stoffe kommen immer wieder mit. Wenn der Aspirator nicht geeignet ist, wird ein anderes System vorgezogen, durch welches man mit Blasen die kleinen Insekten in den Sammelbehälter befördert.
Das Klopfnetz, das ungefähr die Grösse eines gespannten Regenschirms hat, wird unter die Gebüsche oder unter die Äste gehalten. Mit einem Stock werden die Äste geschlagen, worauf die meisten Insekten, die sich auf den Pflanzen

140
Eine beleuchtete Leinwand ist eine einfache Einrichtung, um nachtaktive Insekten zu fangen. Es können verschiedene Leuchtröhren verwendet werden, die dann verschiedene Insektenarten anlocken. Die anfliegenden Insekten müssen von Hand eingesammelt werden.

befinden, in den Klopfschirm fallen und dann mit der Sammelpinzette oder mit dem Aspirator herausgelesen werden. Auch hier muss rasch gearbeitet werden, denn viele Insekten sind sehr behende und fliegen rasch davon.
Es gibt praktisch kein Terrain oder Pflanzenlager, das nicht über ein sehr reichhaltiges Insektenleben verfügt. Die im Boden enthaltene Feuchtigkeit zieht zahlreiche Insekten an. Es handelt sich meistens um kleine bis sehr kleine Arten (0,5–2,0 mm), die im Substrat gefunden werden können. Dieses wird nun in Form ausgestochener Ziegel in Schalen gelegt. Das Material wird mittels einer elektrischen Glühbirne erwärmt und beleuchtet, worauf die Tierchen sich immer tiefer eingraben, bis sie schliesslich durch einen siebartigen Boden in ein darunterstehendes Gefäss fallen. Tausende von Insekten finden sich dann in einer nur wenige Kilo schweren Probe. Dieses Ausleseverfahren wird nach seinem Erfinder A. Berlese benannt. Es ist jedoch für die Anwendung im Feld wenig geeignet, weil es sehr schwere und aufwendige Apparaturen verlangt, die Zuleitung von elektrischem Strom ist unumgänglich. Aus diesem Grunde wird von vielen Forschern die sogenannte Winkler-Methode bevorzugt. Mit dieser lassen sich ebenfalls ausgezeichnete Resultate erzielen. Das zu untersuchende Substrat, Erde, Laub, Moos, morsches Holz usw., muss zuerst von Hand gesiebt werden, wobei die schweren Bestandteile entfernt werden. Das so gewonnene Material wird in Säcken nach Hause bzw. ins Lager gebracht. Hier wird das Expeditionsgut in breitmaschige, kleine und flache Säcke abgefüllt, die in den Winkler-Apparat gehängt werden. Die Apparatur wird durch Zubinden dicht gemacht. Das Material trocknet in den Säcken aus, die Insekten wandern in das bereitgestellte Fangglas.
Nachdem der Entomologe den ganzen Tag Steine umgedreht, mit der Hacke unter der Rinde und in Ameisennestern suchte, den Aspirator, die Pinzette, das Sieb, drei verschiedene Netze und den Klopfschirm verwendet hat, muss die Beute ins Lager getragen, versorgt, etikettiert und die Gesiebesäcke gefüllt werden.
Dann kommt die etwas ausruhendere passivere Sammelmethode an die Reihe. Natürlich mussten am Tag dafür an geeigneten Orten 50 oder mehr Becher als Fallen eingegraben werden. Neben vielen anderen Tieren fängt man die begehrten Vertreter der ‹Mode›-Gattung Carabus aus der Familie der Laufkäfer, für die in Europa allein über 250 Sammler leben. Diese Käfer findet man am Tag höchst selten. Nachts kommen sie aus ihren Verstecken hervor und laufen kreuz und quer umher auf Nahrungssuche und zur Begattung. Um sie zu fangen, werden – wie gesagt – Becher eingegraben, in die sie, meistens noch durch Lockmittel angezogen, hineinfallen.
Aber auch die in der Nacht fliegenden Insekten möchte man erbeuten. Hierzu wird ein weisses Leintuch aufgespannt. Es ist erstaunlich zu beobachten, welche Mengen Insekten von dem ultravioletten Licht angezogen werden. Je nach Uhrzeit wechseln Ordnungen und Arten.
Zwei weitere passive Sammelmethoden sind noch zu nennen. Es sind dies die Farb- und die Malaisefallen. Es ist allgemein bekannt, dass Insekten mit Vorliebe Blüten besuchen. Versuche ergaben, dass die gelbe Farbe von den meisten Insekten bevorzugt wird. Wir haben deshalb gelb angestrichene Farbfallen konstruiert, die wir unter Bäumen aufhängen. Auf diese Weise konnten viele Tiere eingesammelt werden, die sonst schwer zu fangen sind, weil sie hoch in den Bäumen leben.
Noch wichtiger und als letztes ist die Malaisefalle

zu nennen, die Tag und Nacht für den Entomologen arbeitet. Die umherfliegenden Insekten setzen sich gerne an die Gazewände der Falle. Insekten haben die Gewohnheit, aufwärts zu klettern, und gelangen deshalb automatisch in das Fangglas, das an der Spitze der Falle angebracht ist. Auf diese Art werden besonders wespenartige Insekten und Fliegen gefangen.
Nach mehreren Wochen solch vielseitiger, anspannender Tätigkeit ist der Entomologe nicht unglücklich, wenn er wieder an seinen gewohnten Arbeitsplatz zurück kann. Dort erlebt er in Gedanken während der routinemässigen Arbeiten noch einmal die ganze Reise beim Auspacken der vielen Funde. Jetzt kann mit der Präparation der mitgebrachten Schätze begonnen werden, und erst jetzt zeigt sich bei den vielen kleinen und kleinsten Formen, wie wertvoll das gesammelte Material ist.

141
Sogenannte ‹Malaise›-Insektenfalle. Mit diesem Fallenmodell werden die Insekten automatisch gefangen, so dass der Forscher nicht bei der Falle verbleiben muss. Die abgebildete Falle wurde von Expeditionsmitgliedern des Museums in Ammariyah, Saudi-Arabien, aufgestellt.

Durch gezielte Sammeltätigkeit im Himalaja ist die umfangreichste entomologische Sammlung gewisser Insektenordnungen aus dem genannten Bereich zusammengekommen. Um dieses Material auswerten zu können, müssen zusätzlich zu den eigenen Wissenschaftern zahlreiche Spezialisten fremder Institutionen beigezogen werden; so stehen wir heute mit mehr als 150 Korrespondenten aus der ganzen Welt in Verbindung. Die vielen zugegangenen Manuskripte, welche unser eigenes Material behandeln, konnten nicht mehr in den ‹Verhandlungen der Naturforschenden Gesellschaft Basel› aufgenommen werden. Wir geben daher seit 1975 die ‹Entomologica Basiliensia› als eigene Zeitschrift heraus. Bis heute sind schon vier Bände mit über 100 Beiträgen und über 2000 Seiten Umfang erschienen. Diese Zeitschrift dient uns zum Literaturtausch mit anderen Forschungsinstituten.

Wissenschaftliche Grundlagenforschung

Ein wichtiges Anliegen der Museen ist die wissenschaftliche Systematik. Das wird bei der Insektenkunde besonders deutlich. Bis heute sind schon über 750000 Insektenarten bestimmt und beschrieben worden Umfangreiche Vergleichssammlungen und ein ausreichender Bestand an Fachliteratur sind unentbehrliche Hilfsmittel für diese Arbeit. Die Bestimmung und anschliessende Benennung eines vorliegenden Objekts können im Einzelfall sehr zeitraubend sein und eine Reihe von Tagen intensiver Vergleichsarbeit nötig machen. Nicht weniger zeitaufwendig ist die Beschreibung einer neugefundenen Art.
Die Belegexemplare zu bereits vorliegenden Artbeschreibungen, die sogenannten Typusexemplare oder Typen, sind die Massstäbe, nach denen die zu bestimmenden Objekte beurteilt werden müssen. In unserem Museum verwahren wir als ganz besonders wertvolle Kulturgüter die Typen von über 7000 Insektenarten. Diese Belegexemplare sind in Fachzeitschriften beschrieben. Bei der Vielzahl bereits bekannter Insektenarten kann ein Insektenforscher heute nur noch ein Teilgebiet wirklich beherrschen – eine Insektenfamilie oder vielleicht gar nur eine Gattung –, die ihrerseits wieder in der Natur durch viele Arten repräsentiert ist.
Erst nach richtiger Einordnung und Benennung können Arten, Gattungen und Familien auch zoogeographisch, also hinsichtlich ihrer Verbreitung heute und in der Vergangenheit, ausgewertet werden. Daraus ergeben sich wichtige Folgerungen zur Entwicklung, Ausbreitung und damit auch zur Geschichte der einzelnen Formen.

Anthropologie

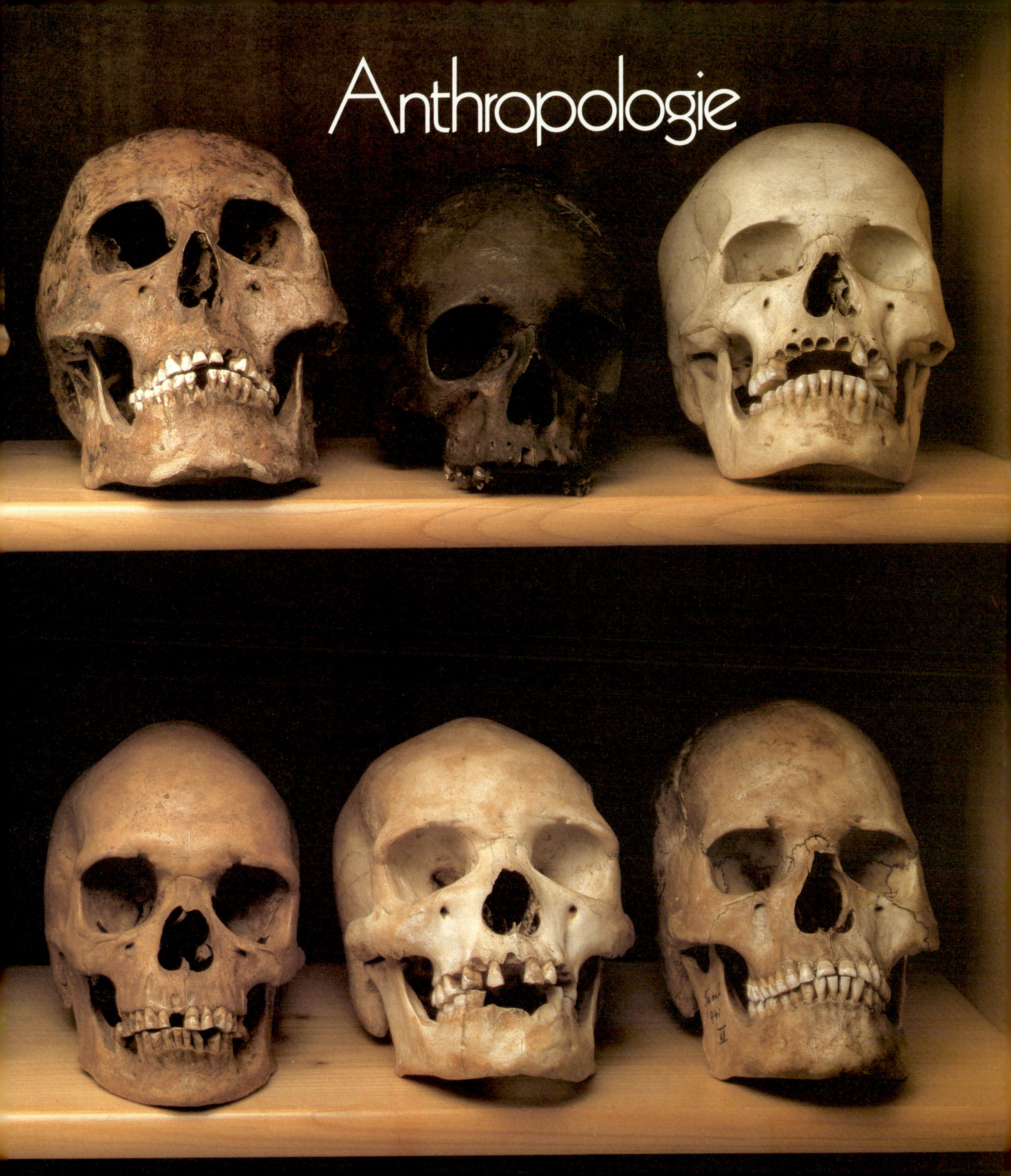

Zur Geschichte der anthropologischen Sammlung in Basel

Die Anthropologie ist von Rudolf Martin definiert worden als die Naturgeschichte der Hominiden (Menschenartigen) in ihrer zeitlichen Entwicklung und räumlichen Ausdehnung. Selbstverständlich ist dies nur der morphologische Aspekt, während der kulturelle mit der vorgeschichtlich-völkerkundlichen Forschung erfasst wird. Die physische (oder somatische) Anthropologie, wie sie mit der Sammlung und Forschung des Naturhistorischen Museums betrieben wird, gibt Aufschluss über die Erscheinungsformen der Hominiden von der Vorzeit bis zu heute lebenden Menschenrassen und -typen, über ihre Charakteristika und ihre gegenseitige Beeinflussung. Dazu dienen einerseits Untersuchungen an lebenden Rassen, andererseits an Skelettmaterial.

Schon seit der Mitte des letzten Jahrhunderts wurden in Basel Sammlungen von menschlichen Skeletten angelegt, besonders in der Anatomischen Anstalt der Universität, so vor allem von den Anatomen Wilhelm His, Ludwig Rütimeyer und Julius Kollmann. Sie dienten als Belege für das klassische Werk der ‹Crania Helvetica› von W. His und L. Rütimeyer (1864) sowie für weitere Publikationen von J. Kollmann, der sich insbesondere mit dem Problem der Kleinwüchsigen und der Abstammung des Menschen beschäftigte. Die Sammlungen wurden dann von den Anatomen Hansen Kelly Corning und Eugen Ludwig weiter vervollständigt. Diese reichhaltige Sammlung des Basler Anatomischen Instituts, die hauptsächlich Schädel fast aller Menschenrassen enthält, konnte 1972 mit der anthropologischen Sammlung unseres Museums vereinigt werden.

Im Museum für Völkerkunde haben die Ethnologen, die auf ihren Forschungsreisen photographische und metrische Untersuchungen an Eingeborenen durchführten, ein reichhaltiges osteologisches Material mitgebracht. Zunächst war es Fritz Sarasin, der Ceylon (Sri Lanka) durchforschte und ein einzigartiges Photo- und Skelettmaterial der Wedda, Tamilen und Singhalesen nach Basel brachte. Dann bereiste er die Insel Celebes, wo er die kleinwüchsigen Toala entdeckte, und endlich Neukaledonien und die Loyalty-Inseln. Alle diese Funde wurden in grossen Publikationen verarbeitet. Anschliessend forschten in gleicher Weise Felix Speiser in den Neuen Hebriden, den Santa-Cruz-Inseln, in Neubritannien und am Sepik in Neuguinea, Paul Wirz in Indonesien, besonders in West-Neuguinea (Irian Jaya), Eugen Paravicini auf den Salomonen und Alfred Bühler in Neuirland, auf den Admiralitätsinseln, auf Timor und seinen Nachbarinseln. Sie übergaben ihre reichhaltigen Sammlungen dem Museum für Völkerkunde, das sie allerdings lange Zeit in einem Keller im Kleinbasel deponierte, wo sie nur schwer zugänglich waren. Erst ab 1943 wurden sie notdürftig in Räumen des Museums für Völkerkunde aufbewahrt.

Nebenher sammelten die verschiedensten Institute der Universität, so das Anatomische, Pathologische, Hygienische und Zahnärztliche, sowie das Historische Museum sporadisch die bei Grabarbeiten aufgefundenen menschlichen Skelettreste nach dem Motto: Wer zuerst kommt, nimmt mit! Dieser unhaltbare Zustand wurde am 16. Februar 1946 durch eine regierungsrätliche Verordnung gebessert, wonach das Museum für Völkerkunde das alleinige Recht erhielt, Basler Funde zu bergen und aufzubewahren. Bedingt durch die starke Bautätigkeit in Basel war für eine solche Regelung auch höchste Zeit. Bedeutende und reichhaltige Gräberfelder wurden freigelegt. Anerkennung gebührt auch Rudolf Laur vom Historischen Museum und danach der Archäologischen Bodenforschung des Kantons Basel-Stadt. So kamen nun die sorgfältig und meist in Zusammenarbeit mit dem Museum geborgenen Skelettfunde mit ihrer Dokumentation alle ins Museum für Völkerkunde. Die bedeutendsten Fundstellen mit Hunderten von Gräbern sind die gallische Siedlung bei der alten Gasfabrik, der spätrömisch-frühmittelalterliche Friedhof in der Aeschenvorstadt, der alamannische Reihengräberfriedhof von Kleinhüningen, der fränkische Friedhof am Bernerring, dann die spätmittelalterlichen und neuzeitlichen Funde aus Kirchengrabungen (Münster, St. Leonhard, St. Peter, St. Theodor, Barfüsserkirche, Riehen und St. Chrischona) und der jüdische Friedhof des 13. und 14. Jahrhunderts auf dem Petersplatz.

Weil das stark angewachsene Fundmaterial im Museum für Völkerkunde nicht zugänglich untergebracht war und daher nicht mehr sachgemäss bearbeitet werden konnte, wechselte die ganze Sammlung 1971 ins Naturhistorische Museum hinüber, wo sie nun heute mustergültig aufgehoben ist. Hier ist es jetzt möglich, die eingangs erwähnten Aufgaben in angemessenen Räumlichkeiten zu erfüllen.

1973 erfolgte die Verlegung der Interkantonalen Arbeitsgemeinschaft für anthropologische Funde (IAG), welcher ein Grossteil der Kantonsmuseen der Schweiz angeschlossen ist, von Bern nach Basel. Dabei verlagerten sich die Interessen weitgehend auf das Gebiet der historischen Anthropologie. Seither werden Skelettfunde aus anderen Kantonen ebenfalls im Naturhistorischen Museum untersucht. So erhält unsere Lokalforschung eine gesamtschweizerische Ba-

<142
Schädel aus Ozeanien und Australien. **Mit über 10000 menschlichen Skeletten besitzt die Anthropologische Abteilung die umfangreichste Sammlung dieser Art in der Schweiz.**
Sammlungsschwerpunkte bilden die Kollektionen aus Australien und Ozeanien.

143

143
Grabung im Basler Münster. Die grossen früh- und hochmittelalterlichen Skelettserien aus unserer Gegend sind weniger spektakulär als diejenigen aus Ozeanien und Australien. Für die Forschung sind sie jedoch sehr wertvoll und erweitern unsere Kenntnisse über die Geschichte von Basel.

sis. Seit 1975 wurde die Paläopathologie in die Untersuchungen einbezogen und die Sammlung der Anatomischen Anstalt konnte übernommen werden. 1979 trat auch der Kanton Basel-Stadt der IAG bei. So entstand die anthropologische Sammlung als jüngste Abteilung des Museums.

Forschung

Die heutigen Arbeitsgebiete berühren vier verschiedene Themenbereiche: die Rassenkunde, die Paläoanthropologie, die historische Anthropologie und die Paläopathologie.
Bei der Rassenkunde geht es um die (anthropologische) Geschichte der heutigen Menschen. Der Schwerpunkt dieser Forschungsrichtung ist uns schon durch die Arbeiten F. Sarasins vorgezeichnet. Heute dehnt sich die Beschäftigung mit den kleinwüchsigen Völkern auch auf die Buschmänner Afrikas aus. Ein zweiter Schwerpunkt ist Ozeanien. Er ergibt sich aus der Arbeit des Museums für Völkerkunde. Heute können mit modernen Methoden die Rassenformen umfassender charakterisiert und beschrieben werden. Sie werden in ihrem zeitlichen Ablauf, ihrem gegenseitigen Verhalten und in ihrer geographischen Aufteilung untersucht.
In der Paläoanthropologie waren die Weddas von Ceylon der Ausgangspunkt der Basler Forschung. Doch wurde dieser Forschungszweig später zugunsten der Rassenkunde vernachlässigt. Seit 1970 sind neue paläoanthropologische Untersuchungen in Angriff genommen worden: Feldarbeiten in Marokko und Südafrika, aber auch in der Basler Region – hier im Zusammenhang mit der Quartärgeologie. Daraus ergab sich eine Zusammenarbeit mit dem Laboratorium für Urgeschichte.
Die historische Anthropologie beschäftigt sich mit der lokalen und regionalen Bevölkerungsgeschichte. In der Basler Lokalforschung wird es damit möglich, die zeitliche Abfolge der Völkerschaften mit ihrer Typenstreuung auf dem Boden Basels von der La-Tène-Zeit über die Galloromer, die Romanen, die Alamannen und Franken des Frühmittelalters bis ins Hoch- und Spätmittelalter, ja bis in die Neuzeit lückenlos zu erfassen. Der Schwerpunkt liegt auf der Mittelalter-Anthropologie. Für Basel ist dies ein neuer Forschungszweig. Jetzt erfolgen Grabungen durch die IAG oder in Zusammenarbeit mit der Archäologischen Bodenforschung. Hier wird die Anthropologie mit ihrer fächerübergreifenden Thematik zur Hilfswissenschaft der Archäologie und der Geschichte.
Ein besonders interessanter Zweig der Abteilungsarbeit ist die Paläopathologie, bei welcher Folgen von Kiefererkrankungen im Mittelpunkt stehen. Der Pathologe untersucht die krankhaften Veränderungen mit modernsten Mitteln und diagnostiziert sie. Das gilt für Kiefererkrankungen, Zahnkaries, Paradentose, Gebiss- und Kieferanomalien und Folgen von Verletzungen. Auch bleibende Schäden von venerischen Erkrankungen (Syphilis) können heute diagnostiziert werden. Diese Untersuchungen erstrecken sich auf Gebisse der letzten zwei Jahrtausende bei den verschiedenen Völkerschaften der Schweiz. Sie erfolgen in Zusammenarbeit mit dem Zahnärztlichen Institut der Universität. An natürlich oder künstlich konservierten Leichen des Mittelalters werden unter anderem paläohistologische Untersuchungen vorgenommen. Alle menschlichen Skelettfunde werden bei der anthropologischen Bearbeitung auch durch den Paläopathologen begutachtet.
Sicher werden sich in der Zukunft noch weitere Fragestellungen ergeben, und neuere Untersuchungsmethoden werden zur Anwendung kommen. Aus diesem Grunde muss die Anthropologische Sammlung unseres Museums für weitere Forschungen erhalten und weitergeführt werden.

144
Weddaskelett (Ureinwohner von Ceylon, Sri Lanka). Wissenschaftliche Untersuchungen über Zwerg- und Kleinwuchs waren immer ein bevorzugter Forschungszweig der Basler Anthropologie. Standen anfänglich die Völker Asiens – unter anderem die Weddas – im Vordergrund, so ist in den letzten Jahren eine Verschiebung zugunsten afrikanischer und australischer Völker eingetreten.
145
Schädel eines Weddas.
146
Schädel eines Schimpansen.

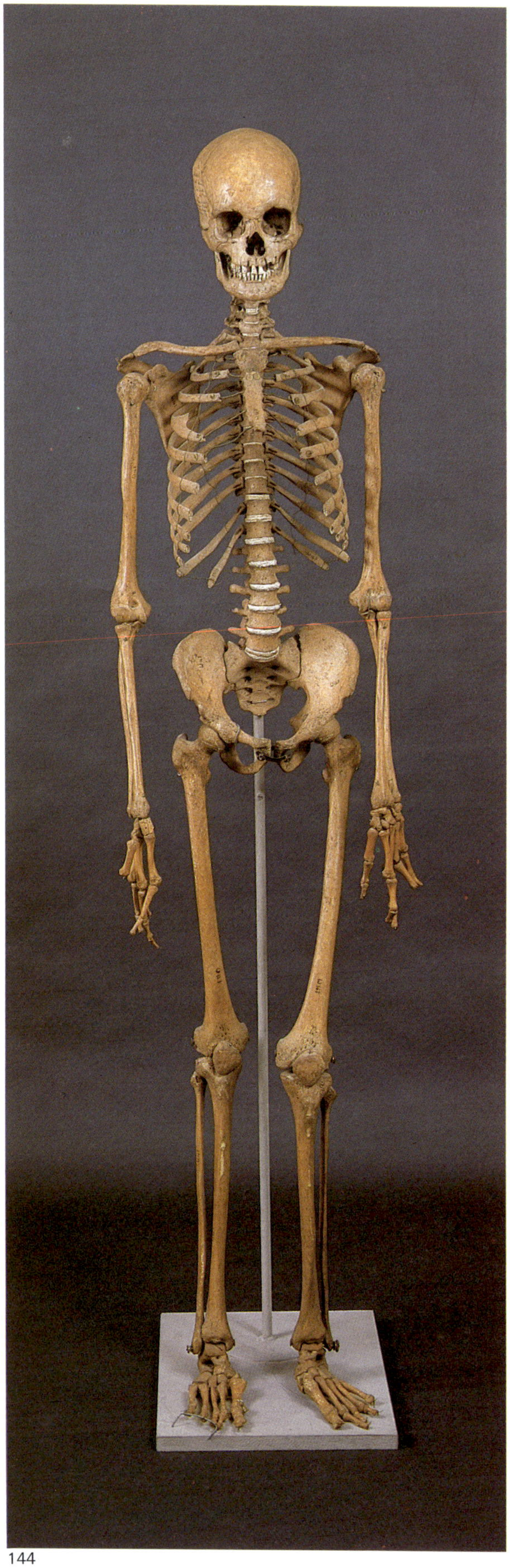
144

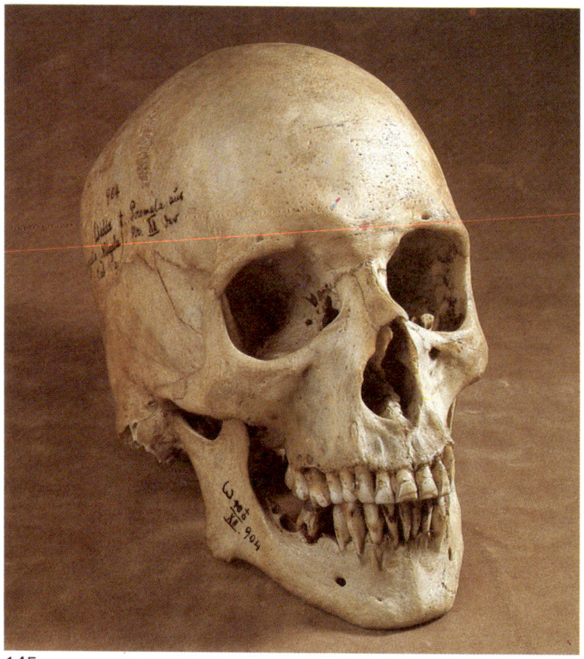
145

146

147
Koptische Mumie, ein Geschenk des Kaufmännischen Direktoriums St. Gallen. Die Kopten sind die christliche Bevölkerung von Ägypten.
148
Künstlich eröffneter (trepanierter) Schädel. Fundort: ehemaliger Friedhof auf dem Areal der früheren Gasfabrik in Basel. Schon immer litten Menschen unter den Folgen von Krankheiten und Unfällen. Ebenso alt sind die Versuche, die Ursachen dieser Leiden zu beheben oder deren Folgen zu lindern.

147

148

Das Museum
und seine Besucher

In Reih und Glied auf Tablaren, mit lateinischen Namen und der Fundortetikette versehen: so zeigten sich die Austellungen um die Jahrhundertwende; eine Studiensammlung, die für Fachleute bestimmt war und dem interessierten Laien wenig Wissen vermitteln konnte. Ihre Gestalter richteten sich damals vorwiegend an Fachkollegen und Studenten der Naturwissenschaften. Andere Besucher waren nicht besonders erwünscht, so dass ihre Interessen unberücksichtigt bleiben konnten.
Diese Einstellung änderte sich aber im Lauf der ersten Jahrzehnte des 20. Jahrhunderts, und bereits in den 30er Jahren wurden die ersten öffentlichen Führungen veranstaltet.
Heute sind die Ausstellungen vorwiegend für den Laien bestimmt. Sie sollen sein Wissen über die Natur mit Anschauungsmaterial bereichern und wollen mit leicht verständlicher Darstellung umfassende Zusammenhänge aufzeigen.
Das Museum wird heute häufig von Schülern besucht. Allein 1979 konnten 955 Schulklassen die Schausammlungen besichtigen. Gezielte Aktionen und Führungen bieten neben Texten und Bildern weitere Möglichkeiten, dem Publikum Inhalt und Aussage der immer wieder ergänzten Ausstellungen zu erklären.
In diesem Zusammenhang sei erwähnt, dass wir im Interesse einer engeren Zusammenarbeit mit Primar- und Naturkundelehrern gerne bereit sind, den Lehrern das notwendige Wissen zu vermitteln, damit sie unsere Ausstellungen in den Unterrichtsstoff einbeziehen können.
Seit Jahren veranstalten die Basler Museen Führungen für Kinder und Jugendliche. Die Kinderführungen stossen auf ein reges Interesse. So ist es vorgekommen, dass zu einer Kinderführung 600 Kinder erschienen sind. Mit grosser Freude können wir feststellen, wie Schülerinnen und Schüler kurz nach der Führung mit Eltern, Grosseltern, Tanten und Onkeln ins Museum kommen und ihnen «ihre» Ausstellung zeigen.
Während der Sommerferien beteiligen wir uns an der Aktion «Ferienpass» (Schüler können während der Ferienzeit mit diesem Ausweis gratis Museen und Veranstaltungen besuchen). Neuerdings durften wir auch die Vorlesungsteilnehmer der Seniorenuniversität bei uns begrüssen. Die «Dienstagabendführungen» sind erfreulich gut besucht. Sie richten sich an naturwissenschaftlich interessierte Erwachsene und setzen keine Fachkenntnisse voraus. Mit Erfolg haben wir versucht, gezielte Gruppen zu Führungen einzuladen. So wurden zum Beispiel Veranstaltungen für Blinde durchgeführt, wobei diesen Besuchern die Möglichkeit gegeben werden muss, die Objekte durch Berühren kennenzulernen.
Besonders beliebt bei jung und alt sind Blicke hinter die Kulissen. Sie gewähren Einblick in die Studiensammlungen und in die Arbeit der geologischen, osteologischen und zoologischen Präparatoren.
Um das Auffinden der verschiedenen Ausstellungen zu erleichtern, haben wir Hinweise in Form von Vignetten angebracht, die auch fremdsprachigen Besuchern und Kindern die Orientierung ermöglichen.
Dieses Buch verfolgt das Ziel, den bisherigen und künftigen Besuchern das Museum näher zu bringen oder ihr Interesse daran zu wecken.